就业技能培训教材

装配钳工基本技能

（第2版）

主编 田大伟 单崇巍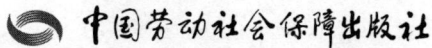

中国劳动社会保障出版社

图书在版编目（CIP）数据

装配钳工基本技能/田大伟，单崇巍主编. --2版. --北京：中国劳动社会保障出版社，2023

就业技能培训教材

ISBN 978-7-5167-6169-4

Ⅰ.①装… Ⅱ.①田…②单… Ⅲ.①安装钳工-技术培训-教材 Ⅳ.①TG946

中国国家版本馆CIP数据核字（2023）第236616号

中国劳动社会保障出版社出版发行

（北京市惠新东街1号 邮政编码：100029）

*

保定市中画美凯印刷有限公司印刷装订　新华书店经销

880毫米×1230毫米　32开本　4.625印张　106千字

2023年12月第2版　2023年12月第1次印刷

定价：15.00元

营销中心电话：400-606-6496

出版社网址：http://www.class.com.cn

版权专有　　侵权必究

如有印装差错，请与本社联系调换：（010）81211666

我社将与版权执法机关配合，大力打击盗印、销售和使用盗版图书活动，敬请广大读者协助举报，经查实将给予举报者奖励。

举报电话：（010）64954652

前　言

《国务院关于推行终身职业技能培训制度的意见》(国发〔2018〕11号)提出，要围绕就业创业重点群体，广泛开展就业技能培训。为促进就业技能培训规范化发展，提升培训的针对性和有效性，我们对原职业技能短期培训教材进行了优化升级，组织编写了就业技能培训系列教材。本套教材以相应职业（工种）的国家职业标准和岗位要求为依据，力求体现以下特点：

全。教材覆盖各类就业技能培训，涉及职业素质类，农业技能类，生产、运输业技能类，服务业技能类，其他技能类五大类。

精。教材中只讲述必要的知识和技能，强调实用和够用，将最有效的就业技能传授给受培训者。

易。内容通俗易懂，图文并茂，易于学习。

本套教材适合于各类就业技能培训。欢迎各单位和读者对教材中存在的不足之处提出宝贵意见和建议。

内 容 简 介

本书是装配钳工就业技能培训教材，内容包括装配钳工基础知识、划线、锯削与锉削、孔加工、矫正与弯形、刮削与研磨、装配等。

本书内容充实，实用性强，图文并茂，通俗易懂。通过培训，初学者或具有一定基础的人员在理论知识和操作技能上能够达到初级工应知、应会的要求，且能运用这些知识和技能解决生产实践中的相关问题。

本书由田大伟、单崇巍主编，姜聪、胡克平参编。

目 录

第1单元　装配钳工基础知识 …………………………………… 1

模块1　装配钳工工作场地及常用设备 ………………………… 1
模块2　常用量具及使用 ………………………………………… 7
模块3　安全文明生产常识 ……………………………………… 16

第2单元　划线 …………………………………………………… 19

模块1　平面划线 ………………………………………………… 19
模块2　立体划线 ………………………………………………… 28
综合训练　箱体划线 …………………………………………… 34

第3单元　锯削与锉削 …………………………………………… 39

模块1　锯削 ……………………………………………………… 39
模块2　锉削 ……………………………………………………… 48
综合训练　T形块的锉削 ……………………………………… 56

第4单元　孔加工 ·· 59

模块1　钻孔 ·· 59

模块2　扩孔与铰孔 ·· 67

模块3　锪孔 ·· 76

模块4　螺纹加工 ··· 78

综合训练　攻螺纹 ··· 81

第5单元　矫正与弯形 ·· 85

模块1　矫正 ·· 85

模块2　弯形 ·· 87

第6单元　刮削与研磨 ·· 89

模块1　刮削 ·· 89

模块2　研磨 ·· 95

综合训练　90°角尺的研磨 ··································· 99

第7单元　装配 ·· 103

模块1　装配基础知识 ··· 103

模块2　螺纹连接的装配 ······································ 108

模块3　键连接的装配 ··· 115

模块4　销连接的装配 ··· 119

模块5　滑动轴承的装配 ······································ 122

模块 6　滚动轴承的装配 …………………………………… 126

综合训练　齿轮轴的装配 …………………………………… 132

培训建议 …………………………………………………… 136

第 1 单元
装配钳工基础知识

模块 1　装配钳工工作场地及常用设备

一、装配钳工工作场地

装配钳工工作场地是指钳工的固定工作地点。为工作方便、保证产品质量和安全生产，装配钳工工作场地布局一定要合理，符合安全文明生产的要求，如图 1-1 所示。

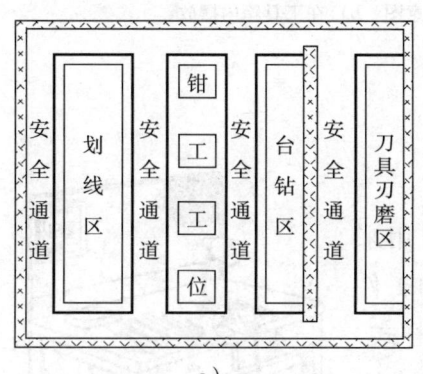

图 1-1　装配钳工场地
a）钳工实习场地平面图　b）钳工工作场地

钳工工作台应安放在光线适宜、工作方便的地方。面对面使用钳工工作台时，应在两个工作台中间安装安全防护网。砂轮机、钻床应设置在场地的边缘,尤其是砂轮机一定要安装在安全可靠的位置。

常用工具、量具应放在工作位置附近,不能任意堆放,以免碰坏。在钳工工作台上工作时,为了方便,左手取用的工具、量具应放在台虎钳的左侧;反之,放在右侧。工具、量具、工件应各自排列整齐,不能混放,且不能使其伸到钳工工作台边以外。工具、量具用后应及时清理、维护和保养,并且妥善放置,如图1-2所示。

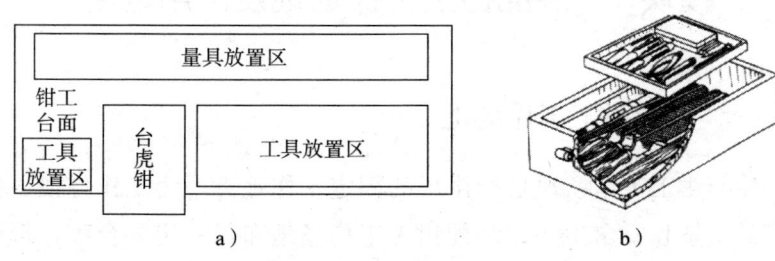

图1-2 工具、量具摆放
a)工具、量具的摆放示意图 b)在工具箱内摆放

二、钳工常用设备

1. 钳桌

钳桌是钳工专用的工作台,用来安装台虎钳、放置工具、量具和工件等,如图1-3所示。钳桌有多种样式,有木质的、钢结构的或在木质的台面上覆盖铁皮,其高度800~900 mm。在安装台虎钳后,使用者身体靠近钳桌自然站立,抬起小臂与身体保持垂直,小臂与台虎钳口的距离为5~8 cm,或

图1-3 钳桌

者左臂向上弯曲,手指自然收拢,中指中间关节贴于下巴时,肘部刚好落在钳口上。钳桌的长度和宽度则随工作需要而定,如图1-4所示。

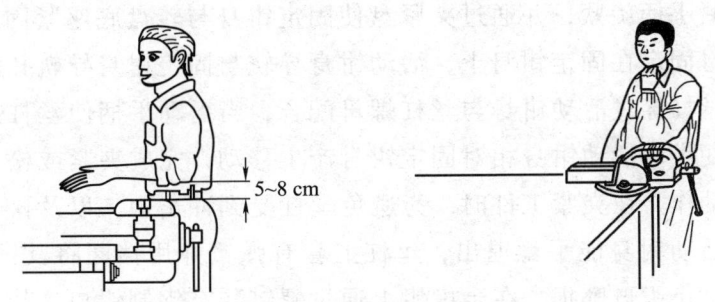

图1-4 钳桌高度的确定

2. 台虎钳

台虎钳装在钳桌上,用来夹持工件,其规格是用钳口宽度表示,常用的有100 mm、125 mm和150 mm等。

台虎钳有固定式和回转式两种,如图1-5所示,两者的主要结构基本相同,由于回转式台虎钳的整个钳身可以回转,能满足工件各种不同方位的加工需要,使用方便,应用较为广泛。

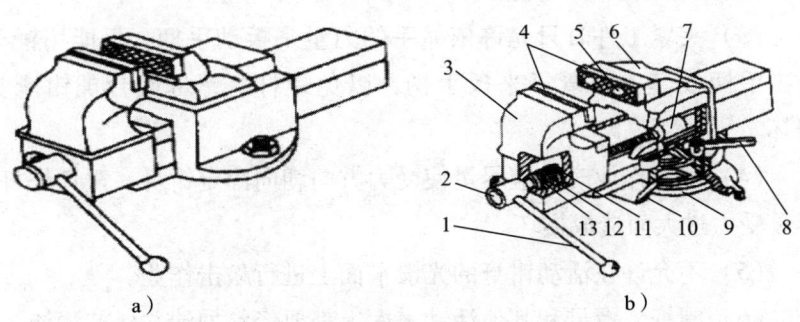

图1-5 台虎钳
a) 固定式 b) 回转式
1—手柄 2—丝杠 3—活动钳身 4—钳口 5—螺钉 6—固定钳身 7—丝杠螺母
8—锁紧手柄 9—夹紧盘 10—转盘底座 11—销 12—挡圈 13—弹簧

回转式台虎钳主要有固定钳身和活动钳身两部分，通过转盘底座上3个螺栓固定在钳桌上。固定钳身装在转盘底座上，并能在转盘底座上绕其轴心线转动，当转到合适的加工位置时，利用手柄使锁紧手柄旋紧，并通过夹紧盘使固定钳身与转盘底座紧固。丝杠螺母固定在固定钳身上，活动钳身导轨与固定钳身导轨孔相滑配，丝杠穿过活动钳身与丝杠螺母配合，当摇动手柄使丝杠旋转时，便带动活动钳身相对固定钳身产生移动，完成夹紧或松开工件的动作。在夹紧工件时，为避免丝杠受到冲击力，以及松开工件时活动钳身能平稳退出，丝杠上套有弹簧并用挡圈将其固定。为了防止钳口磨损，在台虎钳上通过螺钉装有钢制钳口，其上有交叉的斜纹，用来夹紧工件使其不易滑动，钳口经淬火以延长使用寿命。

台虎钳的使用和维护：

（1）台虎钳安装在钳桌上，必须使固定钳身的钳口工作面处于钳桌边缘之外，以便在夹持长工件时不受钳桌边缘的阻碍。

（2）台虎钳必须牢固地固定在钳桌上，紧固螺钉须拧紧，以免有松动现象，保证加工质量。

（3）夹紧工件时只允许依靠手的力量来扳动手柄，不能用锤子敲击手柄或套上长管子来扳手柄，以免螺杆、螺母或台虎钳床身损坏。

（4）强力作业时，应尽量使受力方向朝向固定钳身，避免螺杆、螺母受力过大而造成损坏。

（5）不允许在活动钳身的光滑平面上进行敲击作业。

（6）螺杆、螺母和其他活动表面上都要经常加油并保持清洁。

3. 砂轮机

砂轮机用来刃磨錾子、钻头和刮刀等工具或其他工具，也可用来磨去工件或材料上的毛刺、锐边、氧化皮等。

砂轮机主要有砂轮、电动机和机体组成，如图1-6所示。

砂轮的质地硬而脆，工作时转速较高，因此使用砂轮机时应遵守安全操作规程，严防发生人身事故。

使用砂轮机时应注意以下事项：

（1）砂轮的旋转方向必须与砂轮罩上标识的旋转方向指示牌相符，从而使磨屑向下方飞溅。

（2）启动后，应待砂轮达到正常转速时才能进行磨削。

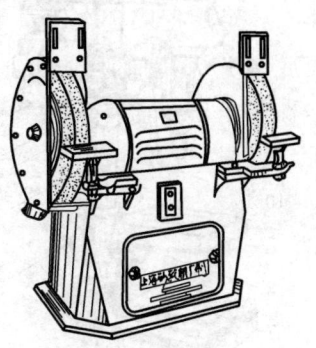

图1-6　砂轮机

（3）砂轮在使用时，不准将磨削件与砂轮猛撞或施加过大的压力，以防砂轮碎裂。

（4）使用时，发现砂轮表面跳动严重时，应及时用砂轮修整器修整。

（5）砂轮机的搁架与砂轮的距离，一般应保持在3 mm之内，过大则容易使磨削件被砂轮轧入而发生事故。

（6）使用时，操作者不能正对砂轮，以防伤人，应站在砂轮的侧面或斜侧位置。

（7）刃磨各种工具钢刀具和清理工件毛刺时，应使用氧化铝砂轮；刃磨硬质合金刀具则应使用碳化硅砂轮。

4．钻床

钻床是一种常用的孔加工机床。钻床上可装夹钻头、扩孔钻、锪钻、铰刀、镗刀、丝锥等刀具，可用来进行钻孔、扩孔、锪孔、铰孔、镗孔及攻螺纹等。钳工常用的钻床根据结构和适用范围的不同，可分为台式钻床（简称台钻）、立式钻床（简称立钻）和摇臂钻床3种，如图1-7至图1-9所示。

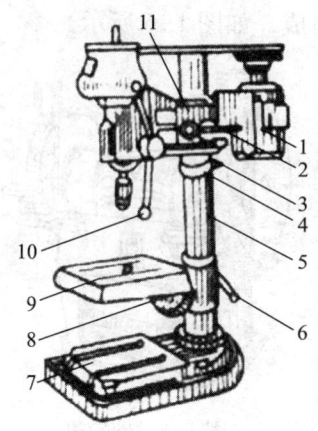
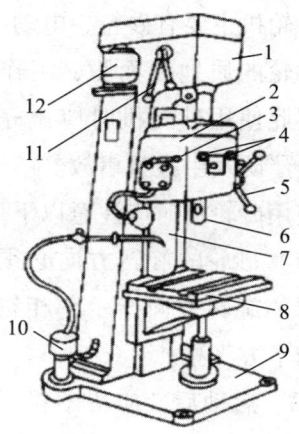

图1-7 台式钻床
1—电动机 2—锁紧手柄 3—螺钉
4—保险环 5—立柱 6—锁紧手柄
7—底座 8—锁紧螺钉 9—工作台
10—进给手柄 11—本体

图1-8 立式钻床
1—主轴变速箱 2—进给箱 3—控制手柄
4—进给变速手柄 5—进给手柄 6—主轴
7—立柱（床身） 8—工作台 9—底座
10—冷却系统 11—变速手柄 12—电动机

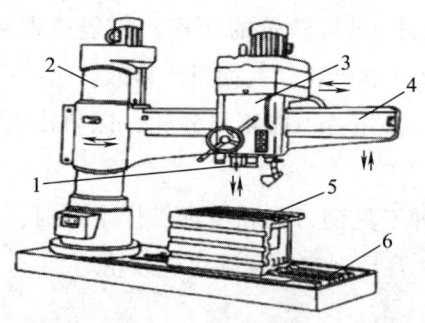

图1-9 摇臂钻床
1—主轴 2—立柱 3—主轴箱 4—摇臂 5—工作台 6—底座

模块 2　常用量具及使用

一、游标卡尺

游标卡尺是一种常用量具，它能直接测量零件的外径、内径、长度、宽度、深度和孔距等。钳工常用的游标卡尺测量范围有 0～150 mm、0～200 mm、0～300 mm 等几种。

1. 游标卡尺的结构

游标卡尺的结构如图 1-10 所示，是两种常见的结构形式。图 1-10a 为可微量调节的游标卡尺，其主要由尺身和游标组成，微动装置安装在主尺上。使用时，松开螺钉 4 和 5，即可推动游标在尺身上移动。测量工件需要微量调节时，可拧紧微动装置上螺钉，松开螺钉 4，旋动微调螺母，通过小螺杆使游标微动。量得尺寸后，拧紧螺钉 4，使游标位置固定，然后读数。游标卡尺下量爪的内侧面可测量外径和长度，外侧面用来测量内孔或沟槽深度。上量爪为外测量爪，可测量外径和长度。

图 1-10b 是带深度尺的游标卡尺，其结构简单轻巧，上量爪可测量孔径、孔距和槽宽，下量爪可测量外径和长度，尺后的深度尺还可测量内孔和沟槽深度。

2. 游标卡尺的刻线原理与读数方法

常用游标卡尺的测量精度按游标每格的读数值分，有 0.02 mm（1/50）和 0.05 mm（1/20）两种。

（1）刻线原理。

1）0.02 mm 游标卡尺的刻线原理。尺身每小格 1 mm，当两测量爪合并时，游标上的第 50 格刚好与尺身上的 49 mm 对正。尺身与

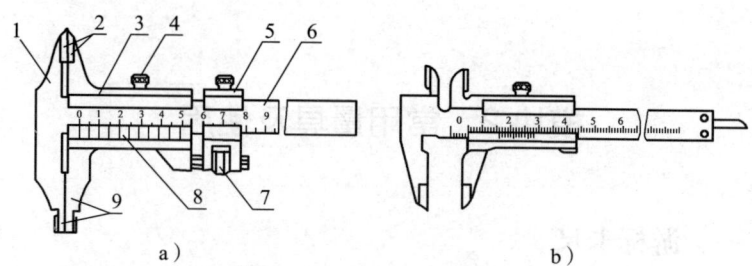

图 1-10 游标卡尺的结构
a) 微调游标卡尺 b) 带深度尺游标卡尺
1—尺身 2—上量爪 3—尺框 4—紧固螺钉 5—微动装置 6—主尺
7—微调螺母 8—游标 9—下量爪

游标每格之差为：1-49/50=0.02 mm，此差值即为 1/50 mm 游标卡尺的测量精度。

2）0.05 mm 游标卡尺的刻线原理。尺身每小格 1 mm，当两测量爪合并时，游标上的第 20 格刚好与尺身上的 19 mm 对正。尺身与游标每格之差为：1-19/20=0.05 mm，此差值即为 1/20 mm 游标卡尺的测量精度。

（2）读数方法。游标卡尺是以游标零线为基准进行读数，其读数步骤如下：

1）读整数。在尺身上读出位于游标零线左边最接近的整数值（mm）。

2）读小数。用游标上与尺身刻线对齐的刻线格数，乘以游标卡尺的测量精度值，读出小数部分。

3）求和。将两项读数值相加，即为被测尺寸，如图 1-11 所示。

3. 其他游标卡尺

（1）游标深度尺。如图 1-12 所示，游标深度尺用来测量台阶的高度、孔深和槽深。

（2）游标高度尺。如图 1-13 所示，游标高度尺用来测量零件的高度和用于划线。

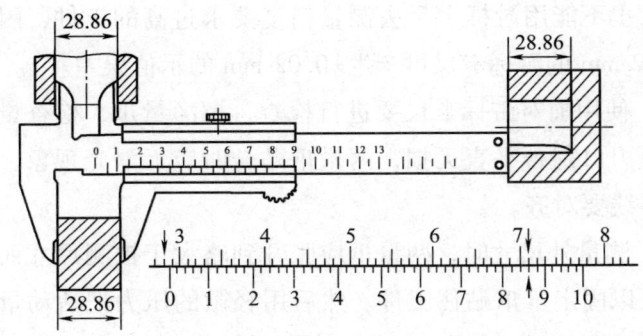

图 1-11　游标卡尺的读数方法

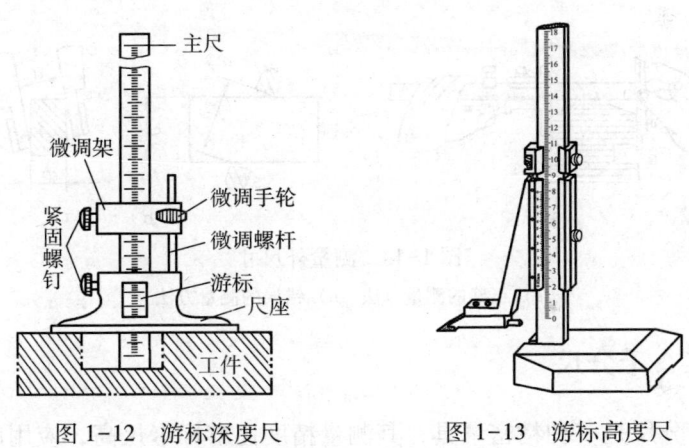

图 1-12　游标深度尺　　　图 1-13　游标高度尺

4. 注意事项

游标卡尺如使用不当，不但会影响其本身的精度，同时也会影响工件尺寸测量的准确性。因此使用游标卡尺时，应注意以下3点。

（1）按工件的尺寸大小和尺寸精度要求，选用合适的游标卡尺。游标卡尺只适用于中等公差等级（IT10~IT16）尺寸的测量和检验。不能用游标卡尺去测量铸锻件等毛坯尺寸，否则量具很快磨损而失去精度；也不能用游标卡尺去测量精度要求过高的工件，因为读数值为 0.02 mm 的游标卡尺可产生±0.02 mm 的示值误差。

（2）使用前对游标卡尺要进行检查，擦净量爪，检查量爪测量面和测量刃口是否平直无损，两量爪贴合时应无漏光现象，尺身和游标的零线要对齐。

（3）测量外尺寸时，两量爪应张开到略大于被测尺寸而自由进入工件，以固定量爪贴住工件。然后用轻微的压力把活动量爪推向工件，卡尺测量面的连线应垂直于被测表面，不能歪斜，如图 1-14 所示。

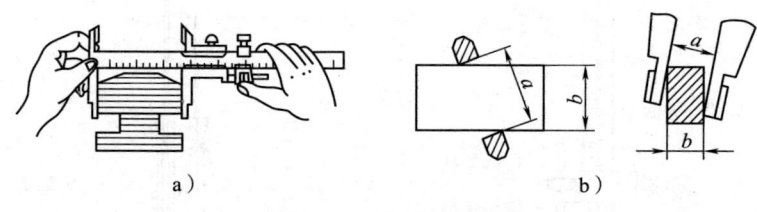

图 1-14　测量外尺寸
a）正确的测量方法　b）错误的测量方法

二、千分尺

千分尺是一种精密量具，其测量精度比游标卡尺高，应用广泛。

1. 千分尺结构

图 1-15 所示为千分尺的结构形状，它由尺架、测砧、测微螺杆、固定套管、微分筒等组成。

2. 千分尺的刻线原理与读数方法

微分筒的外圆锥面上刻有 50 格，测微螺杆的螺距为 0.5 mm。微分筒每转一圈，测微螺杆就轴向移动 0.5 mm。当微分筒每转动一格时，测微螺杆就移动 0.5/50＝0.01 mm，所以千分尺的测量精度为 0.01 mm。

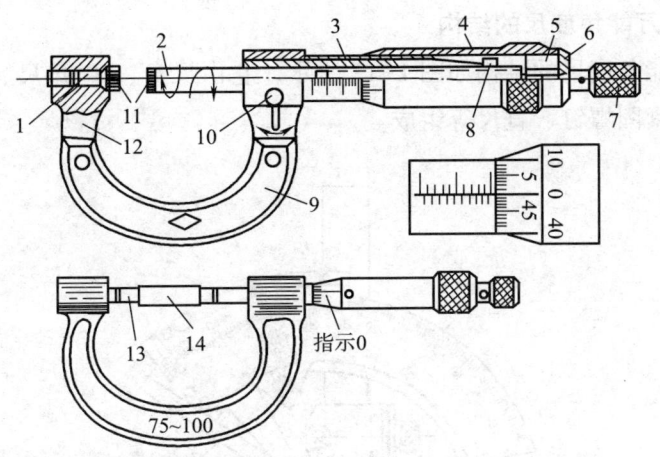

图 1-15 千分尺的结构

1—测砧　2—测微螺杆　3—固定套管　4—微分筒　5—接头　6—垫圈
7—测力手柄　8—调节螺母　9—隔热板　10—制动器　11—合金测头
12—尺架　13—校验杆　14—绝热套

3. 千分尺的读数方法

在固定套管上读出与微分筒相邻近的刻度线数值;用微分筒上与固定套管的基准线对齐的刻线格数,乘以千分尺的测量精度(0.01 mm),读出不足 0.5 mm 的数;将前两项读数相加,即为被测尺寸,如图 1-16 所示。

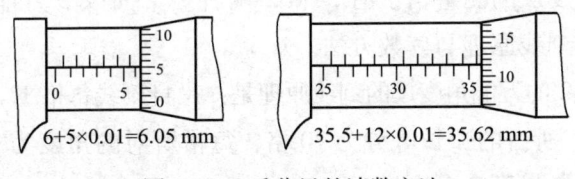

图 1-16 千分尺的读数方法

三、万能角度尺

万能角度尺用来测量工件和样板的内、外角度及划角度线。

1. 万能角度尺的结构

万能角度尺的结构如图 1-17 所示，它由尺身、90°角尺、游标、基尺、紧固螺钉、直尺等组成。

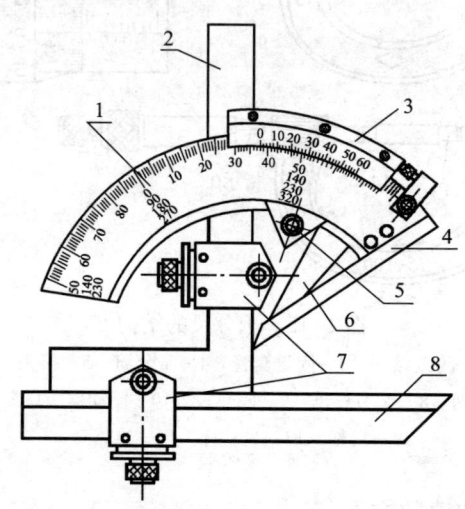

图 1-17　万能角度尺

1—尺身　2—90°角尺　3—游标　4—基尺　5—紧固螺钉
6—扇形板　7—卡块　8—直尺

2. 万能角度尺的刻线原理与读数方法

万能角度尺的测量精度有 5′和 2′两种。下面以 2′万能角度尺为例，介绍其刻线原理与读数方法。

精度为 2′的万能角度尺的刻线原理是：尺身刻线每格 1°，游标刻线将尺身上 29°所占的弧长等分为 30 格，每格所对的角度为 (29/30)°，因此游标 1 格与尺身 1 格相差：1°-(29/30)°=(1/30)°=2′，即万能角度尺的测量精度为 2′。

万能角度尺的读数方法与游标卡尺的读数方法相似。

四、百分表

1. 百分表的结构

如图 1-18 所示，百分表主要由测头、测量杆、套筒、长指针、表盘、表圈等部分组成。百分表是一种指示式仪表，主要用来校正零件或夹具的安装位置，检验零件的形状精度或相互位置精度。国产百分表的测量范围（即测量杆的最大移动量）有 0~3 mm、0~5 mm 和 0~10 mm 等几种。百分表按其制造精度，可分为 0 级、1 级和 2 级，0 级精度较高。使用时，应按照零件的形状和精度要求，选用合适的百分表精度等级和测量范围。

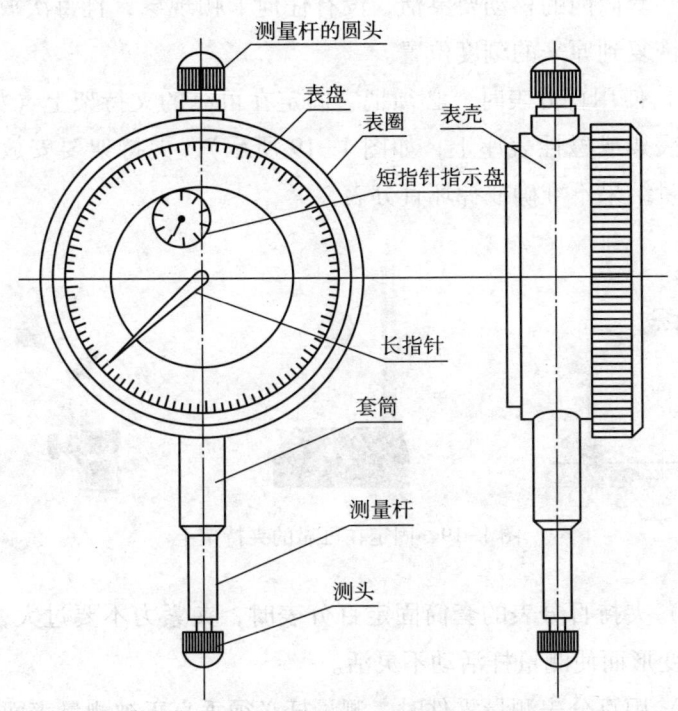

图 1-18　百分表的结构

2. 百分表的刻线原理与读数

(1) 刻线原理。百分表的正面共有大小两个表盘，大表盘上共有 100 个等分格，每格代表 0.01 mm，小表盘上共有 10 个等分格，每格代表 1 mm，当长指针在大表盘上转动一周时会带动短指针在小表盘上转动一个格。测量时，如果测量杆上移 1 mm，则会使长指针转一周，短指针转 1 个格。

(2) 读数。测量杆移动的距离 = 短指针的读数（整数部分）+ 长指针的读数（小数部分）。

3. 使用百分表的注意事项

(1) 使用前，应检查测量杆活动的灵活性。轻轻推动测量杆时，测量杆在套筒内的移动要灵活，没有任何卡顿现象，且每次放松后，指针能恢复到原来的刻度位置。

(2) 使用百分表时，必须把它固定在可靠的夹持架上（如固定在万能表架或磁性表座上，如图 1-19 所示），夹持架要安放平稳，避免测量结果不准确或摔坏百分表。

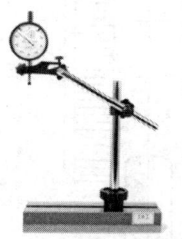

图 1-19　固定在可靠的夹持架上

(3) 夹持百分表的套筒固定百分表时，夹紧力不要过大，以免因套筒变形而使测量杆活动不灵活。

(4) 用百分表测量零件时，测量杆必须垂直于被测量表面。

(5) 测量时，不要使测量杆的行程超过它的测量范围；不要使测量头突然撞在零件上；不要使百分表受到剧烈的振动和撞击；也不要把零件强迫推入测量头下，以免损坏百分表的机件而失去精度。

（6）在使用百分表的过程中，要严格防止水、油和灰尘渗入表内，测量杆上也不要加油，免得粘有灰尘的油污进入表内，影响表的灵活性。

（7）百分表不使用时，应使测量杆处于自由状态，避免表内的弹簧失效。内径百分表上的百分表，不使用时，应拆下来保存。

4. 其他百分表

（1）内径百分表。内径百分表是内量杠杆式测量架和百分表的组合，如图 1-20 所示，用以测量或检验零件的内孔、深孔直径及其形状精度。内径百分表活动测头的移动量小尺寸的有 0~1 mm，大尺

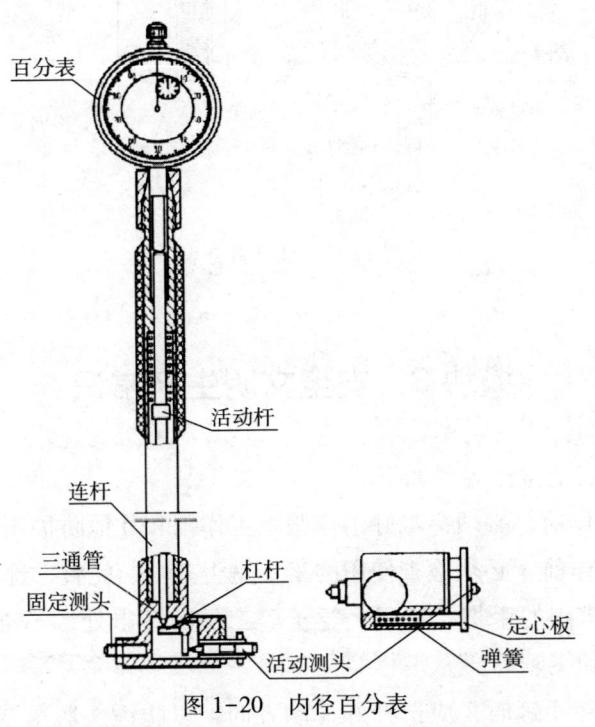

图 1-20　内径百分表

寸的有0~3 mm，它的测量范围是由更换或调整可换测头的长度来达到。国产内径百分表的读数精度为0.01 mm，测量范围有10~18 mm、18~35 mm、35~50 mm、50~100 mm、100~160 mm、160~250 mm和250~450 mm等几种。内径百分表的示值误差比较大，使用时应当经常在专用环规或百分尺上校对尺寸（习惯上称校对零位），必要时可在块规上校对零位，并增加测量次数，以便提高测量精度。

（2）杠杆百分表。图1-21所示为杠杆百分表，它用于在车床上校正工件的安装位置或其他普通百分表无法使用的场合。

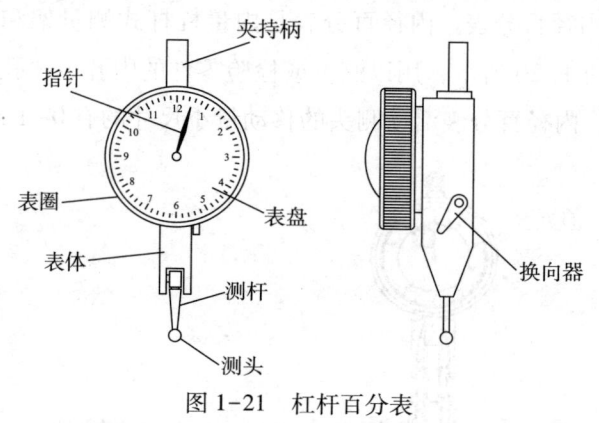

图1-21　杠杆百分表

模块3　安全文明生产常识

钳工安全操作规程如下。

1. 工作前，必须穿戴好工作服、工作帽和其他防护用具。

2. 工作前，必须检查使用的工具是否齐全、完整，锉刀、刮刀、手锤应有牢固的手把，冲子、錾子等工具的锤击处，不准有淬火裂纹、卷边和飞刺等。

3. 使用手锤时，应选择好挥动方向，以防锤头脱落或铁屑飞出伤人；在錾切工件时，对面不准站人，固定操作处，设好防护网，握锤的手不准戴手套。

4. 使用手电钻、手砂轮及一切手提电动工具时，应踏在绝缘板上，并戴好绝缘手套和防护眼镜。

5. 使用手砂轮、软轴砂轮前，必须检查砂轮是否完好，必须仔细检查是否有绝缘破损，绝缘破损不得操作，并一定要等砂轮正常运转后，才可使用。

6. 在钻床上钻孔时，严禁戴手套操作，不准用手抚或嘴吹等方法清除切屑。

7. 在拆卸设备和调试设备运转部位前，必须切断电源，如果设备上的安全装置未修好，严禁试车；安装或调试设备后，必须认真检查，不准将工具或工件遗留在机床内，以防发生事故。

8. 未经电工准许，不准擅自拆装电气。

9. 合理使用工量卡具，不准混放。

10. 使用砂轮、钻床、焊机和起重设备，必须熟悉其操作规程，并严格遵守操作规程。

11. 锉刀是右手工具，应放在台虎钳的右面，放在钳工工作台上时锉刀柄不可露在钳桌外面，以免碰落掉地上砸伤脚或损坏锉刀。

12. 没有装柄的锉刀或锉刀柄已裂开的锉刀不可使用。

13. 锉削时，锉刀柄不能撞击工件，以免锉刀柄脱落造成事故。

14. 锉刀不可作撬棒或手锤用。

第 2 单元　划　线

模块 1　平面划线

一、平面划线常用工具

1. 钢直尺

钢直尺是一种简单的尺寸量具，在尺面上刻有米制或英制尺寸，它主要用来量取尺寸、测量工件，也可以用作划直线的导向工具，如图 2-1 所示。钢直尺表面上刻有尺寸刻度线，最小刻线距为 0.5 mm，它的长度规格有 150 mm、300 mm、500 mm 和 1 000 mm 等几种。

图 2-1　钢直尺

2. 划线平台

划线平台是划线的基本工具，一般由铸铁制成，工作表面经过精刨或刮削加工，如图 2-2 所示。

由于平板表面是划线的基本平面，其平整性直接影响划线的质量，因此安装时必须使平板表面（工作平面）保持水平位置。在使用过程中要保持清洁，

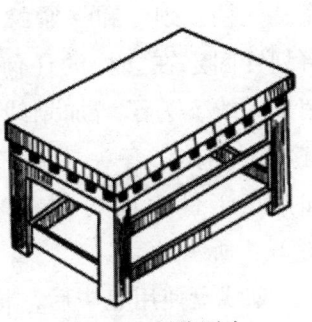

图 2-2　划线平台

防止铁屑、灰砂等在划线工具或工件移动时划伤平板表面。划线时，工件和工具在平板上要轻放，防止台面受撞击，更不允许在平板上进行任何敲击工作；平板要各处均匀使用，避免局部地方起凹，影响平板的平整性；平板使用后应擦净、涂油防锈。

3. 划针

划针用来在工件上划线条，它用弹簧钢丝或高速钢制成，直径一般为 φ3~5 mm，尖端磨成 10°~20° 的尖角，并经淬火使之硬化，如图 2-3 所示。

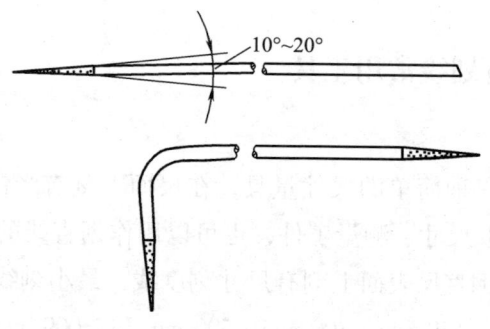

图 2-3 划针

4. 划线盘

划线盘一般用于立体划线和用来找正工件加工位置，它由底座、立柱、划针和夹紧螺母等组成，夹紧螺母可将划针固定在立柱的任何位置上。划针的直头端用来划线，为了增加划线时划针的刚度，划针不宜伸出过长；弯头端用来找正工件的加工位置，如找正工件表面与划线平板平行等。划线盘如图 2-4 所示。

划线盘使用完毕后，将划针的直头端向下，置于垂直状态，以防伤人和减少所占的空间。

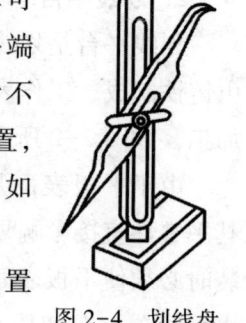

图 2-4 划线盘

5. 划规

划规在划线中主要用来划圆和圆弧，等分线段、角度及量取尺寸等。钳工用划规有普通划规、弹簧划规和大尺寸划规。划规的脚尖必须坚硬，才能使金属表面上划出的线条清晰。一般划规用工具钢制成，脚尖经淬火处理。有的划规还在脚尖上加焊硬质合金，使之更加锋利和耐磨。

（1）普通划规（见图2-5）结构简单，制造方便，铆合处松紧要适当，两脚长短要一致。在普通划规上装上锁紧装置，拧紧锁紧螺钉，则可保持已调节好的尺寸不会松动。

（2）弹簧划规（见图2-6）使用时，旋动调节螺母，便可方便调节尺寸。该划规结构刚度较差，适用在光滑表面上划线。

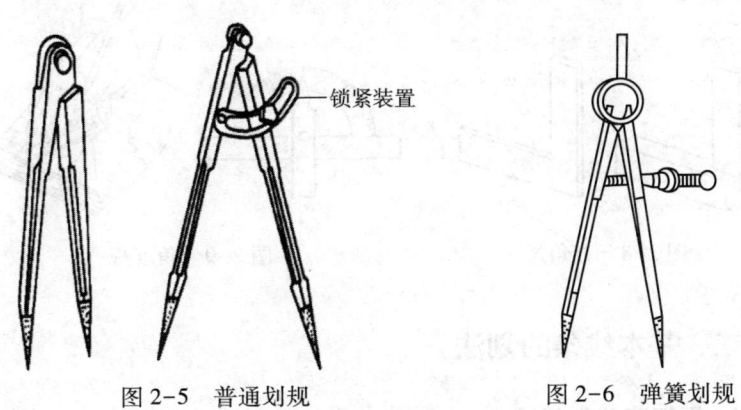

图2-5　普通划规　　　　图2-6　弹簧划规

（3）大尺寸划规又称滑杆划规，如图2-7所示。

6. 中心冲

中心冲用于工件所划加工线条上冲眼，可加强加工界限标志和在划圆弧或钻孔时定中心。它一般用工具钢制成，尖端处淬硬，其顶尖角度在用于加强划线标记时大约为30°，用于钻孔定中心时取60°。

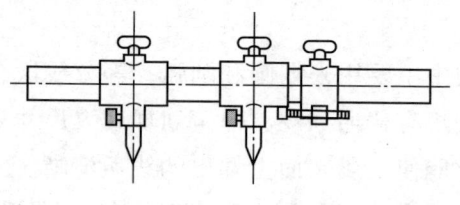

图 2-7　大尺寸划规

7. 直角尺

直角尺在划线时常用作划平行线或垂直线的向导工具，也可用来找正工件平面在划线平台上的垂直位置，如图 2-8 所示。

8. 角度规

角度规常用作划角度线，如图 2-9 所示。

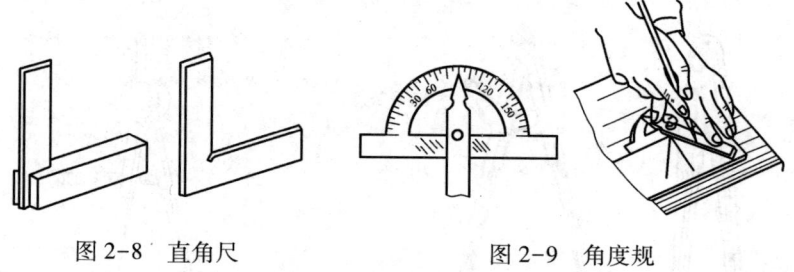

图 2-8　直角尺　　　　　图 2-9　角度规

二、基本线条的划法

1. 用钢直尺划线

用左手食指和拇指紧握钢直尺，同时紧紧靠着基准边，用划针沿着钢直尺的零边划出一段线条，如图 2-10 所示。若工件一端有边可靠，则可将钢直尺的零边抵住靠边，在需要划线处划出很短的线。

2. 用直角尺划线

（1）划平行线。如图 2-11a 所示，先用钢直尺靠直角尺量好距离，然后用划针沿着直角尺划出平行线。

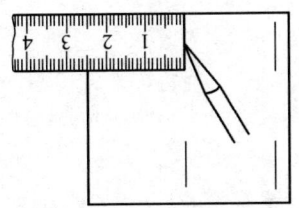 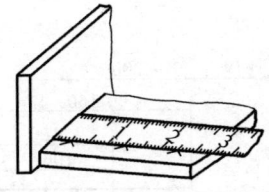

图 2-10　用钢直尺划线

（2）划垂直线。精度要求不高的垂直线可用直角尺的一边对准已划好的线，沿另一边划垂直线，如图 2-11b 所示。

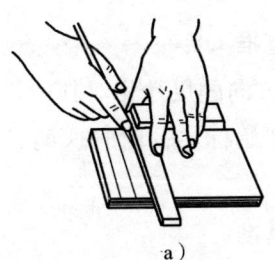 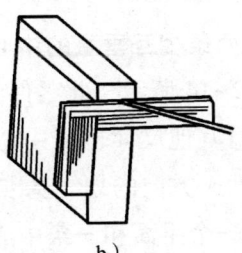

a)　　　　　　　　b)

图 2-11　用直角尺划线
a) 划平行线　b) 划垂直线

3. 用划规划圆弧线

如图 2-12 所示，划圆弧线前要先划出中心线，确定中心点，并在中心点上打样冲眼，再用划规按图样所要求的半径划出圆弧。

图 2-12　用划规划圆弧线

三、基准的选择

1. 以两个相互垂直的平面（或线）为基准

如图 2-13 所示，从零件上互相垂直的两个方向的尺寸可以看出，每一个方向上的许多尺寸都是依照它们的侧平面（在图样上是一条线）来确定的，此时这两个平面就分别是每一个方向的划线基准。

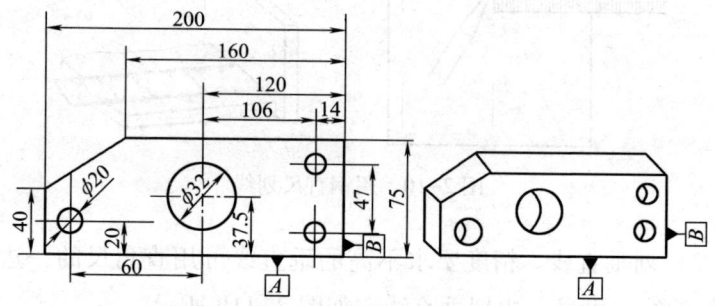

图 2-13 以两个相互垂直的平面（或线）为基准

2. 以两条相互垂直的中心线为基准

如图 2-14 所示，此零件上两个方向的尺寸相对其中心线具有对称性，并且其他尺寸也从中心线起开始标注，此时这两条中心线就分别是这两个方向的划线基准。

3. 以一个平面和一条中心线为基准

如图 2-15 所示，该工件上高度方向的尺寸是以底面为依据，此底面就是高度方向的划线基准。宽度方向的尺寸对称于中心线，所以中心线就是宽度方向的划线基准。

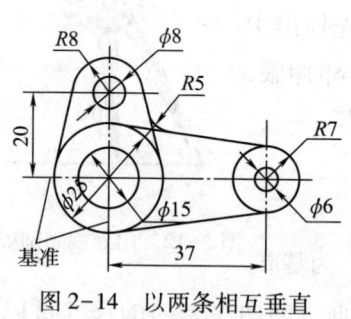

图 2-14 以两条相互垂直的中心线为基准　　图 2-15 以一个平面和一条中心线为基准

四、划针的使用方法

像握铅笔那样轻轻地握住划针,在用钢直尺和划针划连接两点的直线时,应先用划针和钢直尺定好一点的划针位置,然后调整钢直尺使其与另一点的划线位置对准,再划出两点的连接直线。如图 2-16 所示,划线时针尖要靠紧导向工具的边缘,上部向外侧倾斜 15°～20°,不倾斜会产生较大误差,向划线移动方向倾斜 45°～75°;针尖要保持尖锐,划线要尽量一次划成,使划出的线条既清晰又准确。

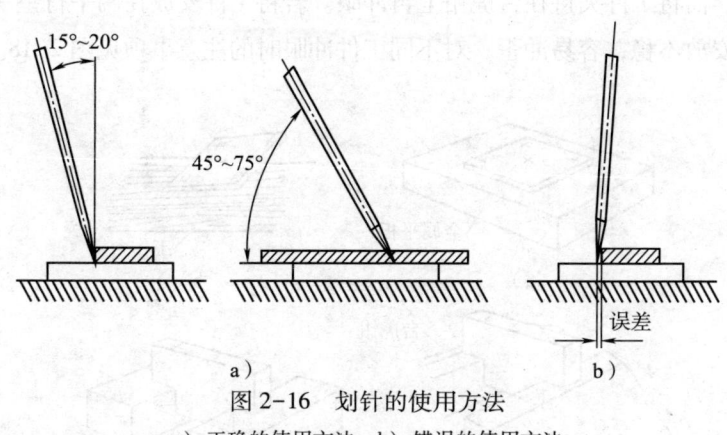

图 2-16 划针的使用方法
a) 正确的使用方法 　b) 错误的使用方法

五、划线后冲眼的方法

将工件放在钢制垫铁上,用全部手指握住样冲,先将样冲外倾,使其尖部对准线的交点;调整样冲与工件垂直,锤子敲打方向必须与样冲轴线方向一致,同时眼睛注视样冲尖部;尖部只能浅浅地压入工件内,因此,敲打时不能太用力,如图 2-17 所示。对冲歪的样冲眼,应先将样冲斜放,向划线的交点方向轻轻敲打,当样冲的位置校正到已对准划好的线后,再把样冲竖直后重敲一下。

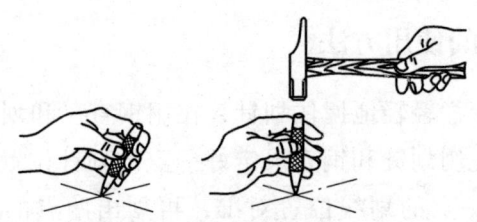

图 2-17 划线后冲眼的方法

对较薄的工件冲眼时,应放在金属平板上。当工件被放在不平的工作台上,冲眼时工件会弹跳而产生弯曲变形。对工件的扁平面上冲眼时,需将工件夹持在台虎钳上再冲眼。若将工件安放在两平行垫块上,则因安放不稳,容易冲歪。对不同工件冲眼时的注意事项见图 2-18。

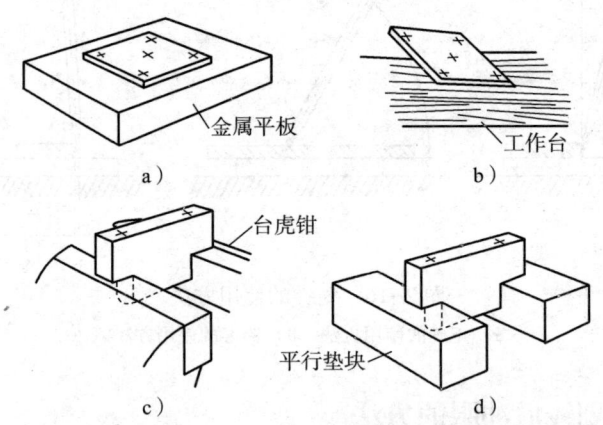

图 2-18 对不同工件冲眼时的注意事项
a) 放在金属平板上冲眼　b) 放在不平的工作台上冲眼
c) 用台虎钳辅助冲眼　d) 用平行垫块辅助冲眼

六、划线实例

进行划线练习,并在样冲板(见图 2-19)上打样冲眼。

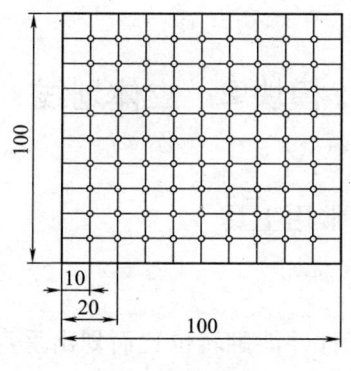

图 2-19 样冲板

1. 划线步骤

（1）准备好所用划线工具，并对工件表面进行清理和划线表面的涂色。

（2）确定按照图样要求应采取的划线基准及最大轮廓尺寸，安排好各图的基准在工件上的合理位置。

（3）根据图样所标注的尺寸依次完成划线工作。

（4）对图形、尺寸复检校对，确认无误后敲上检验样冲眼。

2. 注意事项

（1）为熟悉图形的作图方法，实际操作前可在纸上做一次练习。

（2）划线工具的使用方法及划线动作必须正确掌握。

（3）保证划线尺寸的准确性，划出的线条细且清楚，并应确保所打样冲眼的准确性。

（4）工具要合理放置。

（5）任何工件在划线后都必须做一次仔细的复检校对工作，避免误差的产生。

模块 2　立体划线

一、立体划线常用工具

1. 方箱

方箱用于夹持工件并能翻转位置而划出垂直线，一般附有夹持装置并制有 V 形槽，如图 2-20 所示。

2. V 形架

通常是两个 V 形架一起使用，用于安放圆柱形工件，划出中心线和找出中心等，如图 2-21 所示。

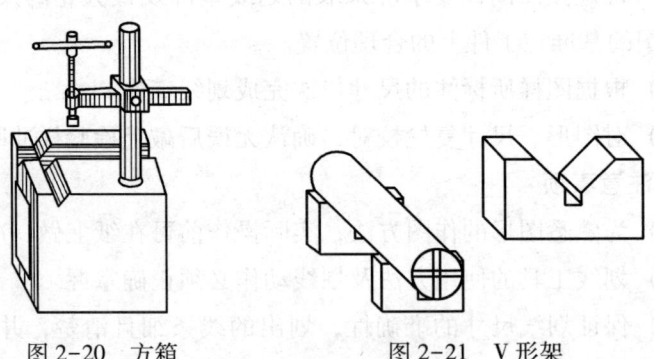

图 2-20　方箱　　　　　　图 2-21　V 形架

3. 千斤顶

千斤顶是用来支承毛坯或不规则工件进行立体划线的，以三个为一组作为主要支承。千斤顶由底座、螺杆、螺母、锁紧螺母等组成，它可以用来调整工件高度，如图 2-22 所示。

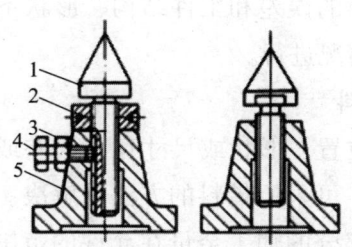

图 2-22 千斤顶
1—螺杆 2—螺母 3—锁紧螺母 4—螺钉 5—底座

二、找正和借料

1. 划线时的找正

对于毛坯工件,划线前一般要先做好找正工作。找正就是利用划线工具使工件上有关的表面与基准面(如划线平台)之间处于合适的位置,如图 2-23 所示。找正时应注意以下事项。

(1) 当工件上有不加工表面时,应按不加工表面找正后再划线,这样可使加工表面与不加工表面之间保持尺寸均匀。

(2) 当工件上有两个以上的不加工表面时,应选重要的或较大的表面为找正依据,并兼顾其他不加工表面,这样可使划线后的加工表面与不加工表面之间的尺寸比较均匀,使误差集中到次要或不明显的部位。

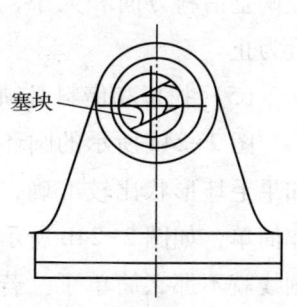

图 2-23 轴承座毛坯划线时的找正

(3) 当工件上没有不加工表面时,通过对各加工表面自身位置的找正后再划线,可使各加工表面的加工余量得到合理分配,避免加工余量相差悬殊。

由于毛坯各表面的误差和工件结构、形状不同，划线时的找正要根据工件的实际情况进行。

2. 划线时的借料

当工件毛坯的位置、形状或尺寸存在误差或缺陷，用划线找正的方法不能补救时，可采用借料的方法来解决。借料就是通过试划和调整，将工件各部分的加工余量在允许的范围内重新分配，互相借用，以保证各个加工表面都有足够的加工余量，在加工后排除工件自身的误差或缺陷。借料的一般步骤如下。

（1）测量毛坯各部分尺寸，找出偏移的位置和测出偏移量的大小。

（2）合理分配各部位加工余量，根据毛坯的偏移方向和偏移量，确定借料的方向和大小，划出基准线。

（3）以基准线为依据，按图样要求，依次划出其余各线。

（4）检查各加工表面的加工余量，如发现有余量不足的现象，应调整借料方向和大小，重新划线，直至各表面都有合适的加工余量为止。

（5）找正和借料必须相互兼顾，使各方面都满足要求。

图2-24a所示的圆环是一个锻造毛坯，其内孔、外圆都要加工。如果毛坯形状比较准确，就可以按图样尺寸进行划线，此时划线工作简单，如图2-24b所示。现在因锻造圆环的内孔、外圆偏心较大，划线就不那么简单了。若按外圆找正划内孔加工线，则内孔有个别部分的加工余量不够，如图2-25a所示；若按内孔找正划外圆加工线，则外圆有个别部分的加工余量不够，如图2-25b所示。只有在内孔和外圆都兼顾的情况下，适当地将圆心选在锻件内孔和外圆圆心之间的一个适当的位置上划线，才能使内孔和外圆都有足够的加工余量，如图2-25c所示。这说明通过划线时的借料，有误差的毛坯仍能得到很好的利用。但是，当误差太大时就无法补救了。

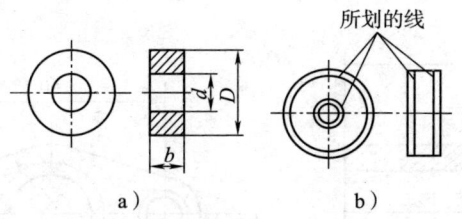

图 2-24　圆环设计图和圆环划线图
a）圆环设计图　b）圆环划线图

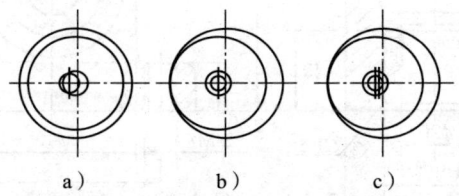

图 2-25　圆环划线时的借料
a）按外圆找正划内孔加工线　b）按内孔找正划外圆加工线　c）内孔、外圆兼顾划加工线

3. 划线步骤的确定

（1）应与图样所用基准（设计基准）一致。以便能直接量取划线尺寸，避免因尺寸间的换算而增加划线误差。

（2）以精度高的且加工余量少的形面作为尺寸基准，以保证主要形面的顺利加工和便于安排其他形面的加工位置。

（3）当毛坯在尺寸、形状和位置上存在误差和缺陷时，可将所选的尺寸基准位置进行必要的调整—划线借料，使各加工面都有足够的加工余量，并使其误差和缺陷能在加工后排除。

三、划线实例

根据阀体的零件图（见图 2-26）进行立体划线的练习。

1. 立体划线步骤

（1）根据图样分析工件形状结构、加工要求以及与划线各尺寸

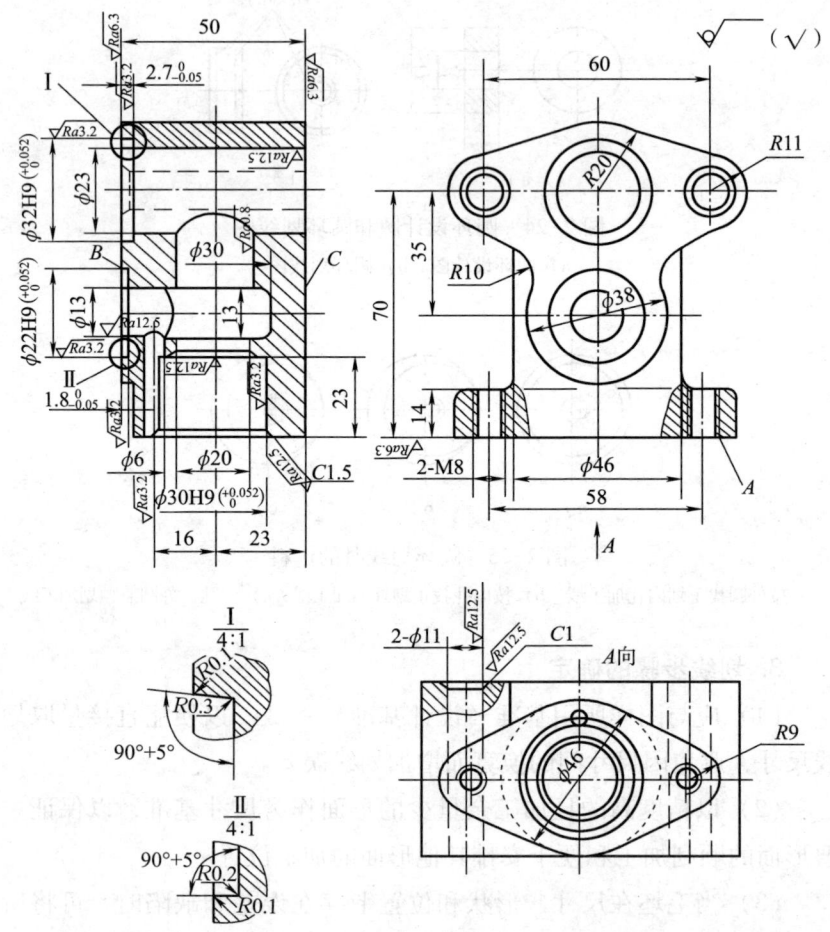

图 2-26 阀体的零件图

的关系,明确划线内容和要求。

(2) 清理工件,去除铸件上的浇冒口及表面粘砂等。

(3) 对工件涂色,并在毛坯孔中装上中心塞块。

(4) 在第一个方向上划线(见图 2-27a),以 A 面为工件的安放基准,用 3 只千斤顶支撑工件置于平台上。取 2×R11 mm 毛坯对称

中心及 C 面、B 面的对称平面作为找正基准,并以厚度尺寸 14 mm 的非加工面作为参考,使前者与平台平面垂直,后者与平台平面平行,当两者误差较大时,应将误差按外观要求作适当分配。尺寸基准线取 $\phi 32$ mm 孔的中心线Ⅰ—Ⅰ,试划相距尺寸为 70 mm 的底面线及中心距尺寸为 35 mm 的 $\phi 22$ mm 孔中心线,以确定是否有足够的加工余量,否则应进行适当借料,然后划出Ⅰ—Ⅰ平面线、底平面线(基准平面)以及 $\phi 22$ mm 孔中心线。

(5) 在第二个方向上划线(见图 2-27b),按图示位置放置工件。找正基准取Ⅰ—Ⅰ线及 C 面、B 面的对称平面,并以 $2 \times R9$ mm 毛坯对称中心线作为参考,使其与平台平面垂直,当有误差时,应做适当分配。尺寸基准取毛坯对称中心平面Ⅱ—Ⅱ,并首先划线,再以 $58/2 = 29$ mm、$60/2 = 30$ mm 的尺寸划出 $2 \times M8$ 螺孔及 $2 \times \phi 11$ mm 孔中心线。

(6) 在第三个方向上划线(见图 2-27c),按图示位置放置工件。找正基准取Ⅰ—Ⅰ线和Ⅱ—Ⅱ线,并使其与平台平面平行。尺寸基准取 $2 \times R9$ mm 毛坯对称中心线Ⅲ—Ⅲ,试划相距尺寸为 23 mm 的 C 面线及与 C 面相距尺寸为 50 mm 的 B 面线,以确定是否有足够的加工余量,否则应进行适当借料,然后划出Ⅲ—Ⅲ平面线以及 C 面和 B 面的平面线。

(7) 复查校核,划出各孔弧线后再打上检查样冲眼。

2. 注意事项

(1) 必须全面、仔细地考虑工件在平台上的摆放位置、找正方法及正确尺寸基准线的位置,这是保证划线准确的重要环节。

(2) 用划线盘划线时,划针伸出量应尽可能短,并要牢固夹紧。

(3) 划线时,划线盘要紧贴平台平面移动,划线压力要一致,使划出的线条准确。

(4) 线条尽可能细而清楚,并尽量一次划成。

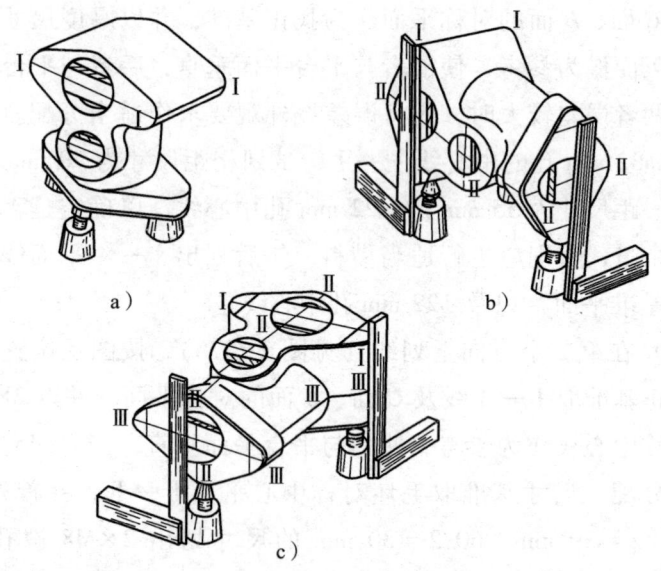

图 2-27 在三个方向上划线
a）在第一个方向上划线　b）在第二个方向上划线　c）在第三个方向上划线

（5）工件安放在支撑上要稳固，防止倾倒。

（6）如果划较长的线时，应用划线盘划多个短线进行连接，并应对划线的终点与始点用划线盘校对，以防划针尺寸产生位移而影响划线精度。

综合训练　箱体划线

一、训练目标

1. 能合理确定工件的尺寸基准并进行划线。
2. 划线操作方法正确，所划线条清晰，尺寸准确，冲点分布合理。

二、准备工作

1. 原料准备
去除板料上的毛刺和锈斑，并涂上蓝油。

2. 工具准备
准备好钢直尺、划针、划线盘、划规、样冲和锤子等。

3. 图样准备
看清图样，详细了解零件上需划线的部位和有关加工工艺，明确划线部位的作用和要求。

三、工件图样

图 2-28 所示为轴承座，按图样要求进行划线练习。

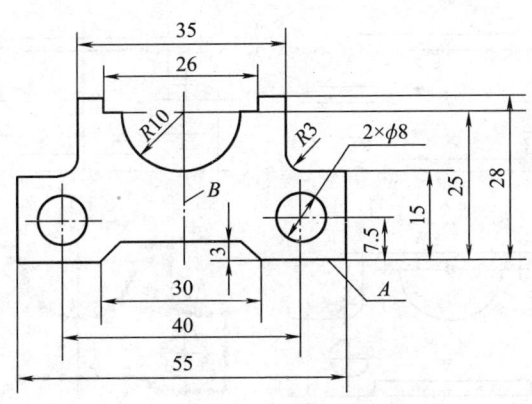

图 2-28 轴承座

四、操作步骤

1. 检查待划工件是否有足够的加工余量。

2. 分析图样，根据工艺要求明确划线位置，确定基准（高度方向为 A 面，宽度方向为中心线 B），如图 2-28 所示。

3. 在工件上确定图样划线位置，划高度基准 A 的位置线，并相继划出其他要素的高度位置线，即平行于基准 A 的线，如图 2-29a 所示。

4. 划宽度基准 B 的位置线，同时划出其他要素宽度位置线，如图 2-29b 所示。

5. 用样冲在各圆心冲眼，并划出各圆和圆弧线，如图 2-29c 所示。

6. 划出各处的连接线，完成划线工作。

7. 检查各部分尺寸的正确性以及线条是否清晰、有无遗漏和错误等。

8. 打样冲眼，显示各部分的尺寸及轮廓，如图 2-29d 所示。

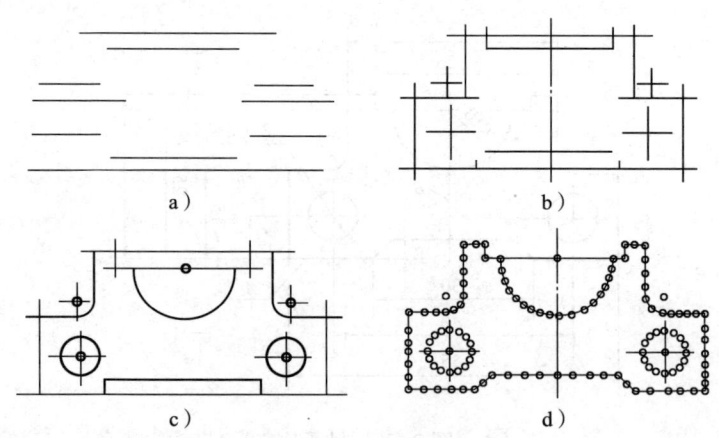

图 2-29 操作步骤

a）划与高度基准 A 平行的线　b）划与宽度基准 B 平行的线
c）划圆和圆弧线　d）打样冲眼

五、注意事项

1. 为熟悉图形的作图方法,实际操作前可在纸上做一次练习。

2. 划线工具的使用方法及划线动作必须正确掌握。

3. 要保证划线尺寸的准确性,划出的线条细而清晰,保证打样冲眼的准确性。

4. 工具要合理放置。

第 3 单元 锯削与锉削

模块 1 锯削

一、手锯的构成

手锯由锯弓和锯条构成，如图 3-1 所示。锯弓是用来安装锯条的，它有可调式（见图 3-1a）和固定式（见图 3-1b）两种。固定式锯弓只能安装一种长度的锯条；可调式锯弓通过调整可以安装几种长度的锯条，且可调式锯弓的锯柄形状便于用力，所以被广泛使用。

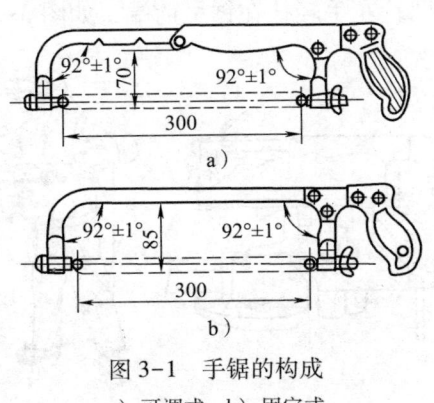

图 3-1 手锯的构成
a）可调式 b）固定式

二、锯条的正确选用

根据锯齿牙距的大小，锯条可分为细齿、中齿和粗齿，如图 3-2 所示，使用时应根据所锯材料的软硬和厚薄来选择。锯削软材料（如纯铜、青铜、铝、铸铁、低碳钢和中碳钢等）或较厚的材料时应选用粗齿锯条；锯削硬材料或薄的材料（如工具钢、合金钢、各种管子、薄板料、角铁等）时应选用细齿锯条。一般来说，锯削薄材料时，在锯削截面上至少应有 3 个齿能同时参加锯削，这样才能避免锯齿被钩住和崩裂。

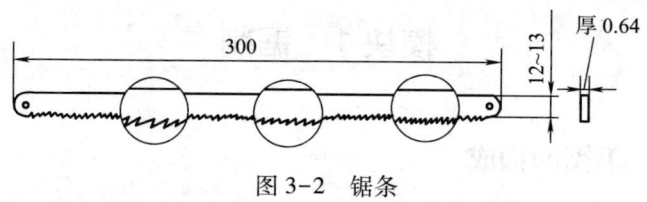

图 3-2　锯条

三、手锯的握法和锯削姿势

1. 手锯的握法

右手满握锯柄，左手轻扶在锯弓前端，如图 3-3 所示。

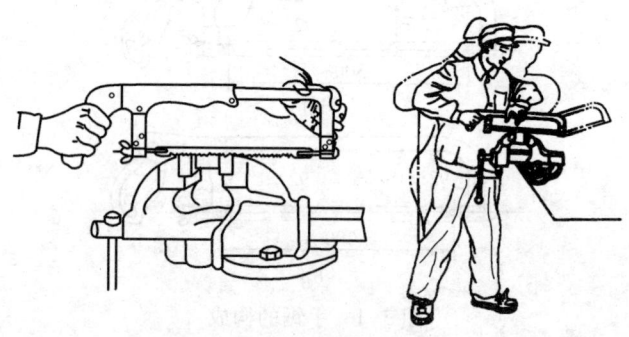

图 3-3　手锯的握法

2. 锯削时的站立步位和姿势（见图 3-4）及锯削动作

两手握住锯弓并放在工件上面，左臂弯曲，小臂与工件锯削面的左右方向保持基本平行；右小臂要与工件锯削面的前后方向保持基本平行，但要自然。锯削行程，身体应与锯弓一起向前，右脚伸直并稍向前倾，重心在左脚，左膝部呈弯曲状态；锯弓回程，当锯弓锯至 3/4 行程时，身体停止前进，两臂则继续将锯弓向前锯到头，同时，左腿自然伸直并随着锯削时的反作用力，将身体重心后移，使身体恢复原位，并顺势将锯弓收回；当锯弓收回将近结束时，身体又开始前倾，做下一次锯削的向前运动。

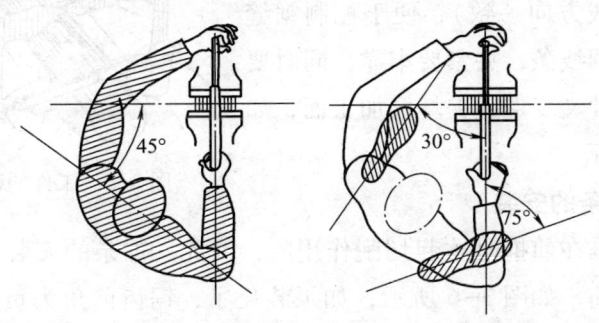

图 3-4　锯削时的站立步位和姿势

3. 压力

锯削工件时，推力和压力由右手控制，左手主要配合右手扶正锯弓，压力不宜过大。手锯推出时为切削行程，应施加压力；返回行程不切削，不施加压力，自然拉回。工件将断时压力要小。

4. 运动和速度

锯削运动方式有两种：一种是直线运动，适合初学者；另一种是小幅度上下摆动式运动。一般采用小幅度的上下摆动式运动进行锯削，即手锯推进时，身体略向前倾，双手随着压向手锯的同时，左手上翘，右手下压，回程时右手上抬，左手自然跟回。对锯缝底面要求平直的锯削，必须采用直线运动。锯削运动的速度一般为 40 次/min 左右，锯削硬材料慢些，锯削软材料快些；锯削行程应保持均匀，返回行程的速度应相对快些。

四、锯削操作方法

1. 工件的装夹

工件一般应夹在台虎钳的左面，以便操作。工件伸出钳口不宜过长，应使锯缝离钳口侧面约 20 mm，防止工件在锯削时产生振动；锯缝线条与钳口侧面保持平行（使锯缝与铅垂线方向一致），便于控制锯缝不偏离所划线条；夹紧要牢靠，同时要避免将工件夹变形或夹坏已加工面，如图 3-5 所示。

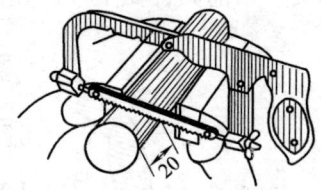

图 3-5 工件的装夹

2. 锯条的安装

手锯是在前推时才起切削作用的，因此，锯条的安装应使齿尖的方向朝前，如图 3-6 所示，如果装反了，锯齿前角为负值，就不能正常锯削了。在调节锯条松紧时，蝶形螺母不宜旋得太紧或太松，太紧时锯条受力太大，在锯削中用力稍有不当就会折断；太松则锯削时容易扭曲，锯条也容易折断，而且锯出的锯缝容易歪斜。锯条松紧程度以用手扳动锯条感觉硬实即可。锯条安装后，要保证锯条平面与锯弓中心平面平行，不得倾斜和扭曲，否则，锯削时锯缝极易歪斜。

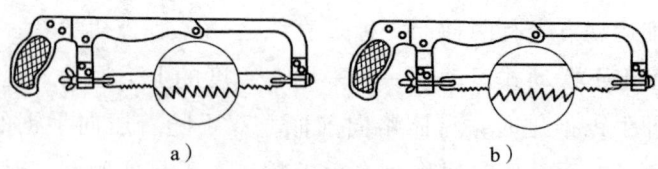

图 3-6 锯条的安装
a）正确的安装方法　b）错误的安装方法

3. 起锯方法

起锯是锯削工作的开始，起锯质量的好坏直接影响锯削质量。如果起锯不当，常会造成不良锯削效果：一是锯条常跳出锯缝将工件拉毛或者使锯齿崩裂；二是起锯后的锯缝与划线位置不一致，将使锯削尺寸出现较大偏差。起锯有远起锯（见图 3-7a）和近起锯（见图 3-7b）两种。起锯时，左手靠住锯条，使锯条能正确地锯在所需要的位置上，行程要短，压力要小，速度要慢，起锯角度 α 约为 15°。如果起锯角太大，则起锯不易平稳，尤其是近起锯时锯齿会被工件棱边卡住，引起崩裂（见图 3-7c）；但起锯角也不宜太小，否则，由于锯条与工件同时接触的齿数较多，不易切入材料，多次起锯往往容易发生偏离，在工件表面锯出许多锯痕，影响表面质量。

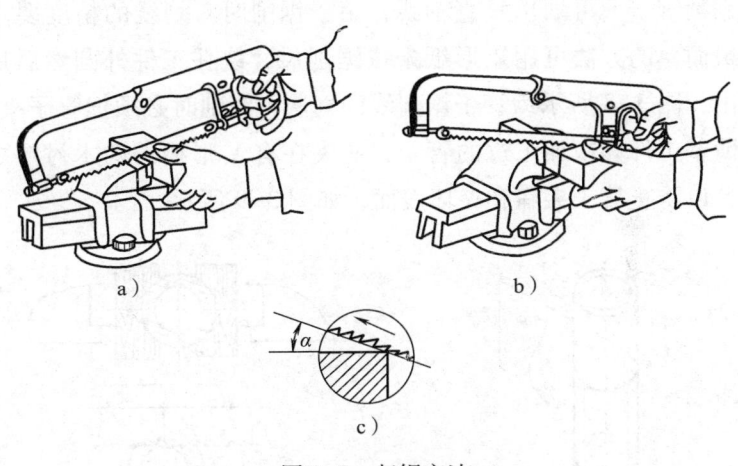

图 3-7 起锯方法
a) 远起锯 b)、c) 近起锯

一般情况下采用远起锯较好，因为远起锯时锯齿是逐步切入材料的，锯齿不易被卡住，起锯也较方便。如果用近起锯且掌握不好方法，锯齿会被工件的棱边卡住，此时也可向后拉手锯做倒向起锯，使起锯时接触的齿数增加，再做推进起锯就不会被棱边卡住。为使起锯顺利,可用左手大拇指对锯条进行靠导,起锯锯槽深 2~3 mm 时,锯条已不会滑出槽外,左手拇指可离开锯条,扶正锯弓,逐渐使锯痕向后(向前)成为水平,然后往下正常锯削。正常锯削时,应使锯条的全部有效齿在每次行程中都参加切削。

五、各种材料的锯削方法

1. 棒料的锯削

如果锯削的断面要求平整,则应从开始到结束连续锯削。若锯出的断面要求不高,可分为几个方向锯下,这可使锯削面变小而容易锯入,从而提高工作效率。

2. 管子的锯削

锯削管子前可划出垂直轴线,由于锯削时对划线的精度要求不高,最简单的方法可用矩形纸条按锯削尺寸绕住工件外圆然后用石笔划出,图 3-8 所示为管子锯削线的划法,锯削时必须把管子夹正。对于薄壁工件和精加工过的管子,应夹在有 V 形槽的两木衬垫之间锯削,以防止管子夹扁和夹坏表面,如图 3-9 所示。

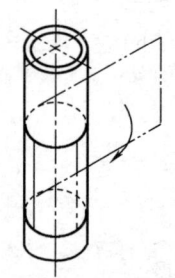
图 3-8 管子锯削线的划法

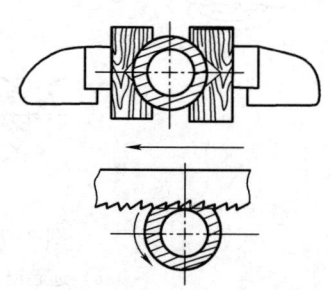
图 3-9 管子的夹持和锯割

锯削薄壁管子时不可在一个方向从开始连续锯削到结束,否则锯齿易被管壁钩住而崩裂。正确的方法是应先在一个方向锯到管子内壁处,然后把管子向推锯的方向转过一定角度,并连接原锯缝再锯到管子的内壁处。如此逐渐改变方向不断转锯，直到锯断为止。

3. 薄板料的锯削

如图 3-10 所示，锯削薄板料时尽可能从宽面上锯下去。当只能在板料的狭面上锯下去时，可用两木块将其夹住，连木块一起锯下，避免锯齿被钩住，同时也增加了板料的刚度，使锯削时不发生颤动。也可以把薄板料直接夹在台虎钳上，用手锯做横向斜推锯，使锯齿与薄板接触的齿数增加，避免锯齿崩裂。

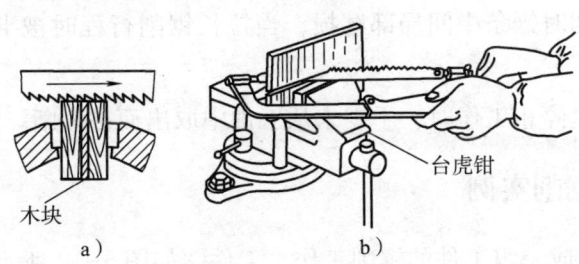

图 3-10　薄板料的锯削
a) 用木块夹　b) 夹装在台虎钳上

4. 深缝锯削

如图 3-11 所示，当锯缝的深度超过锯弓的高度时，应将锯条转过 90°重新安装，使锯弓转到工件的外侧（见图 3-11b）；当锯弓不便横放时，也可将锯条转过 180°，将锯弓放置在工件底部，继续进行锯削（见图 3-11c）。

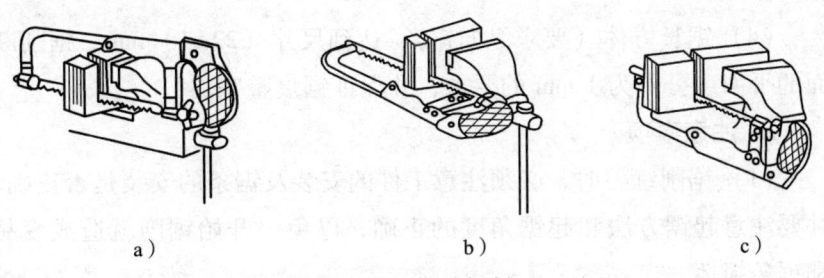

图 3-11　深缝锯削
a) 锯缝过深　b) 锯条转过 90°　c) 锯条转过 180°

六、锯条折断的原因

1. 工件未夹紧，锯削时工件有松动。

2. 锯条装得过松或过紧。

3. 锯削压力过大或锯削方向突然偏离锯缝方向。

4. 强行纠正歪斜的锯缝，或调换新锯条后仍在原锯缝过猛地锯下。

5. 锯削时锯条中间局部磨损，当拉长锯削行程时被卡住而引起折断。

6. 中途停止工作时，手锯未从工件中取出而被碰断。

七、锯削实例

现欲完成一组工件的锯削工作，工件图如图 3-12 所示。

1. 锯削步骤

（1）按图样尺寸对三件工件划出锯削线。

（2）锯四方铁（铸铁件），达到尺寸（54±0.8）mm、锯削断面平面度公差为 0.8 mm 的要求，并保证锯痕整齐。

（3）锯钢六角件，在角的内侧面采用远起锯，达到尺寸（18±0.8）mm、锯削断面平面度公差为 0.8 mm 的要求，并保证锯痕整齐。

（4）锯长方体（要求纵向锯），达到尺寸（22±1）mm、锯削断面的平面度公差为 1 mm 的要求，并保证锯痕整齐。

2. 注意事项

（1）锯削练习时，必须注意工件的安装及锯条的安装是否正确，并要注意起锯方法和起锯角度的正确，以免一开始锯削就造成废品和锯条损坏。

（2）初学锯削时，锯削速度不易掌握，往往推出速度过快，这

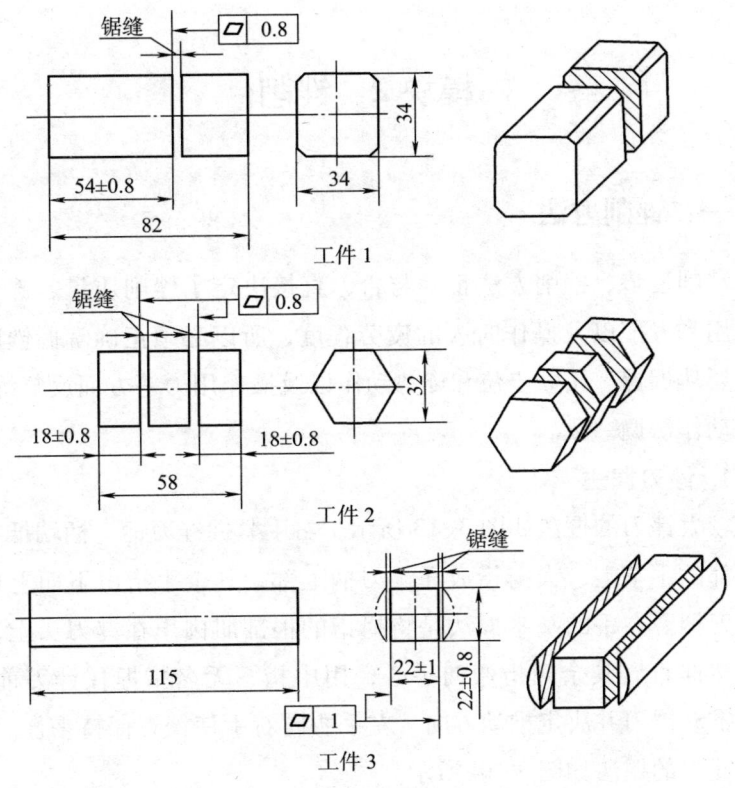

图 3-12 锯削工件图

样容易使锯条很快磨钝；同时，也常会出现摆动姿势不自然、摆动幅度过大等错误姿势，应注意及时纠正。

（3）要适时注意锯缝的平直情况，如锯缝歪斜应及时纠正（歪斜过多，再进行纠正时就不能保证锯削的质量）。

（4）在锯削钢件时可加些机油，以减小锯条与锯削断面的摩擦并能冷却锯条，可以延长锯条的使用寿命。

（5）锯削完毕后应将锯弓上的胀紧螺母适当放松，但不要拆下锯条，以防止锯弓上的零件失散，并将手锯妥善放好。

模块2　锉削

一、锉削方法

锉削姿势、锉削方法正确与否，直接决定了锉削质量、锉刀力的运用和发挥以及操作时人的疲劳程度，所以必须正确掌握锉削方法，要从握锉、站立步位和姿势动作以及操作用力等方面反复练习，达到动作协调一致。

1. 锉刀握法

较大锉刀的握法如图3-13所示。右手紧握锉刀柄，柄端抵在拇指根部的手掌上，大拇指放在锉刀柄上部，其余手指由下而上地握着锉刀柄。左手的基本握法是将拇指的根部肌肉压在锉刀头上，拇指自然伸直，其余四指弯向手心，用中指、无名指捏住锉刀前端。右手推动锉刀并决定推动方向，左手协同右手使锉刀保持平衡。中、小型锉刀的握法如图3-14所示。

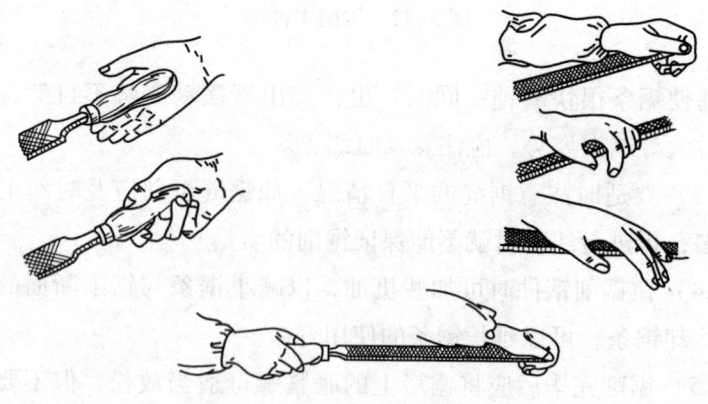

图3-13　较大锉刀的握法

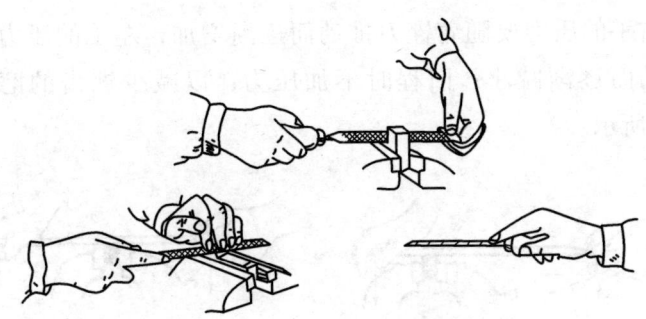

图 3-14 中、小型锉刀的握法

2. 姿势动作

锉削时的站立步位和姿势与锯削相同。锉削动作如图 3-15 所示，身体的重心落在左脚上，右膝伸直，始终站稳不可移动，靠左膝的屈伸而做往复运动。开始锉削时身体要向前倾斜 10°左右，右肘尽可能缩到后方；当锉刀推出 1/3 行程时，身体前倾 15°左右，使左膝稍弯曲；锉刀推出 2/3 行程时，身体前倾 18°左右，左右臂均向前伸出；锉刀推出全程时，身体随着锉刀的反作用力退回到 15°位置。行程结束后，把锉刀略提高，使手和身体回到初始位置。

图 3-15 锉削动作

3. 锉削时的压力和锉削速度

要锉出平直的平面，必须使锉刀保持直线的锉削运动，为此，锉削时右手的压力要随着锉刀推动而逐渐增加,左手的压力要随着锉刀推动而逐渐减小;回程时不加压力,以减少锉齿的磨损,如图 3-16 所示。

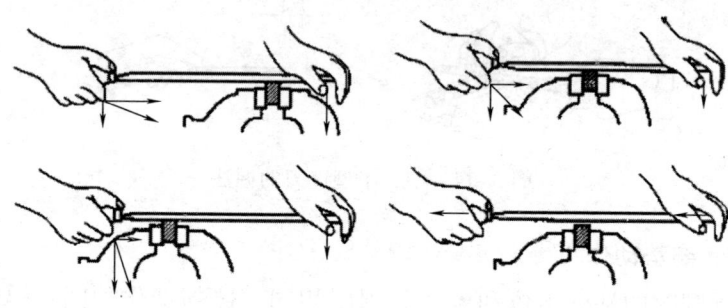

图 3-16 锉削力的平衡

锉削速度一般在 40 次/min 左右,推出时稍快,动作要自然协调。

4. 平面的锉削方法

(1)顺向锉(见图 3-17a)。锉刀运动方向与工件夹持方向始终一致。在锉宽平面时,为能均匀地锉削整个加工表面,每次退回锉刀时应在横向做适当的移动。顺向锉的锉纹整齐一致,比较美观,这是一种最基本的锉削方法。

(2)交叉锉(见图 3-17b)。锉刀运动方向与工件夹持方向成30°~40°,且锉纹交叉。由于锉刀与工件的接触面大,锉刀容易掌握平稳,同时,从锉痕上可以判断出锉削的高低情况,因此容易把平面锉平。交叉锉一般用做粗锉,精锉时必须采用顺向锉,使锉痕变直、锉纹一致。

(3)推锉(见图 3-17c)。两手对称横握锉刀,用大拇指推动锉刀,顺着工件长度方向锉削。推锉适用于狭长平面和修整尺寸时的锉削。

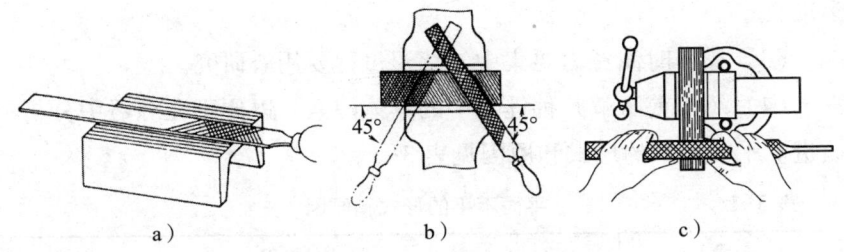

图 3-17 平面的锉削方法
a）顺向锉 b）交叉锉 c）推锉

5. 锉刀的使用与保养

（1）新锉刀先使用一面，等用钝后再使用另一面。

（2）在粗锉时，应充分使用锉刀的有效全长，避免局部磨损。

（3）锉刀上不可沾油或沾水。

（4）如锉屑嵌入齿缝内，必须及时用钢丝刷清除。

（5）不可锉削毛坯的硬表皮及经过淬硬的工件，锉削铝、锡等软金属时应使用单齿纹锉刀。

（6）铸件表面如有硬皮，则应先用旧锉刀或锉刀的有齿侧边锉去，然后再进行加工。

（7）锉刀使用完毕后必须清刷干净，以免生锈。

（8）无论在使用过程中或放入工具箱时，不可与其他工具或工件堆放在一起，也不可与其他锉刀互相重叠堆放，以免损坏锉齿。

二、平面锉削要领及质量检查

1. 锉削平面的练习要领

用锉刀锉削平面是一种技巧，必须通过反复、多样的刻苦练习才能掌握。

（1）掌握正确的动作姿势。

（2）正确选择锉削力并熟练运用，使锉削时保持锉刀的平衡运动。

（3）操作时注意力要集中，练习过程要用心研究。

（4）练习前了解几种锉不平的具体因素，以便于在练习中分析、改进。平面不平的形式和原因见表3-1。

表3-1　　　　　　　　平面不平的形式和原因

形式	产生的原因
平面中凸	①锉削时双手的用力不能使锉刀保持平衡 ②锉刀在开始推出时右手压力太大，锉刀被压下，锉刀推到前面后左手压力太大，锉刀被压下，使前后面因多锉而形成中凸现象 ③锉削姿势不正确 ④锉刀本身中凹
对角扭曲或塌角	①左手或右手施加压力时重心偏在锉刀的一侧 ②工件装夹不正确 ③锉刀本身扭曲
平面横向中凸或中凹	锉刀在锉削时左右移动不均匀

2. 长方体工件各边面的锉削顺序

锉削长方体工件各表面时，必须按照一定的顺序进行，才能方便、准确地达到规定的尺寸和相对位置精度要求，其一般原则如下。

（1）选择最大的平面做基准面先锉平（达到规定的平面度要求），使得加工其他平面时有一个共同的依据。

（2）先锉大平面后锉小平面，以大平面控制小平面，能使测量准确、加工精度高。

（3）先锉平行面后锉垂直面，即在达到规定的平行度要求后，再加工相关面的垂直度。这是因为一方面便于控制尺寸，另一方面平行度比垂直度的测量和控制方便，同时在保证垂直度时，可以进行平行度、垂直度这两项误差的测量比较，以减小积累误差。

3. 用外卡钳测量工件尺寸的方法

外卡钳是一种间接量具。用做测量尺寸时，必须先在工件上度量后再在带读数的量具上进行比较，才能得出读数；或者先在带读数的量具上度量出必要的尺寸后，再去度量工件。外卡钳用做测量平行面间的尺寸误差时，则直接用比较法得出。

用外卡钳测量工件的方法如图 3-18 所示。当工件误差较大进行粗测量时，可用透光法来判断其尺寸差值的大小（见图 3-18a），此时，外卡钳一卡脚测量面要始终抵住工件基准面，观察另一卡脚测量面与被测表面的透光情况。当工件误差较小进行精测量时，要用感觉法（比较测量时的松紧感觉）来判断其尺寸大小和尺寸差值大小，此时，最好利用卡钳的自重由上向下垂直测量（见图 3-18b），以便于控制测量力，卡钳测量面的开度尺寸应保证在测量时能靠卡钳自重通过工件，又有一定摩擦。

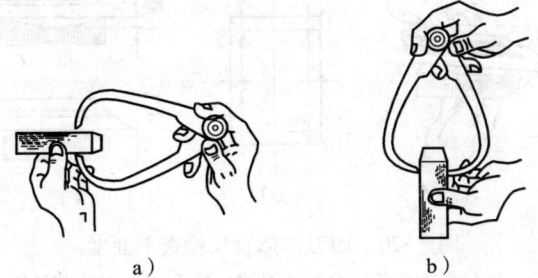

图 3-18 外卡钳测量工件尺寸的方法
a）透光法 b）感觉法

测量时，两卡脚的测量面与工件的接触要正确，如图 3-19 所示，正确的控制方法是使卡脚处于测量时感觉最松的位置。

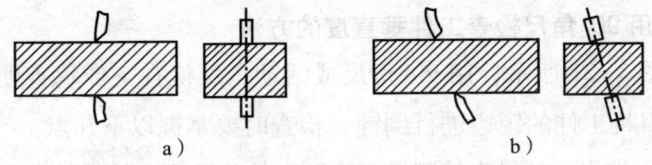

图 3-19 外卡钳测量面与工件的接触
a）正确的方法 b）错误的方法

4. 平面度的检查方法

锉削工件时，由于锉削平面较小，其平面度通常都采用刀口形直角尺（或钢直尺）通过透光法来检查（见图3-20）。检查时，刀口形直角尺应垂直放在工件表面上（见图3-20a），并在加工面的纵向、横向、对角方向多处逐一进行（见图3-20b）。如果刀口形直角尺与工件平面间透光微弱且均匀，说明该平面是平直的；如果透光强弱不一，说明该面是不平的。平面度误差值的确定可用塞尺做塞入检查。对于中凹平面，取各检查部位中的最大值计算；对于中凸平面，则应在两边以同样厚度的塞尺做塞入检查，并取整个检查部位中的最大值计算（见图3-20c）。

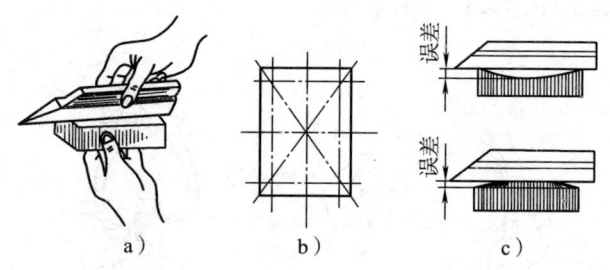

图3-20 用刀口形直尺检查平面度
a) 放在工件表面上 b) 多处进行透光 c) 最大值计算

刀口形直角尺在检查平面上改变位置时，不能在平面上拖动，应提起后再轻放到另一检查位置，否则直尺的边容易磨损而降低精度。

5. 用90°角尺检查工件垂直度的方法

如图3-21所示，用90°角尺或活动角尺检查工件垂直度前，应先用锉刀将工件的锐边进行倒钝，检查时要掌握以下几点。

（1）先将角尺尺座的测量面紧贴工件基准面，然后从上逐步轻轻向下移动，使角尺尺瞄的测量面与工件的被测表面接触（见图3-21a），用眼平视观察其透光情况,以此来判断工件被测面与基准面是否垂直。检查时,角尺不可斜放(见图3-21b),否则会得到不准确的检查结果。

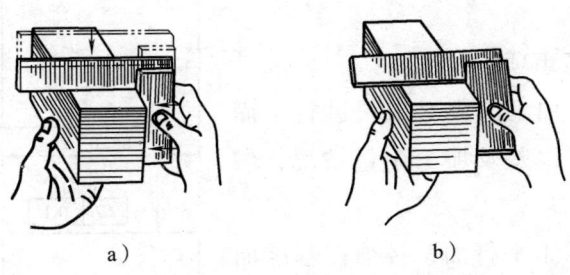

图 3-21 用 90°角尺检查工件垂直度
a) 正确的方法 b) 错误的方法

(2) 在同一平面上改变不同的检查位置时,角尺不可以在工件表面上拖动,以免磨损而影响角尺本身精度。

(3) 使用活动角尺时,因其本身无固定角度,而是在标准角度样板上定取后再检查工件。因此,在定取角度时应该很精确,使用时更要小心,以防角度变动。

(4) 一般对工件的各锐边需倒角或倒钝,如图样上注有 $C0.5$,表示倒去 0.5 mm 且与平面成 45°角。如图样上未注有倒角时,一般可倒钝锐边,即倒出 0.1~0.2 mm 的棱边。如果图样上注明不准倒角或不准倒棱时,则在锐边去毛刺即可。

三、锉削实例

现欲锉削如图3-22所示的四方体,其操作步骤如下。

1. 锉削步骤

(1) 锉削基准面 A,达到平面度要求(用 300 mm 粗板锉)。

(2) 按工件各面的编号顺序,结合划线,依次对各边进行粗锉削、精锉削加工,达到图样要求(用外卡钳在标准量块上度量后,进行间接测量,控制尺寸公差)。

(3)复检全部精度,并做必要的修整锉削,最后将各锐边进行 0.5 mm 的均匀倒角。

2. 注意事项

(1)在加工前应对来料进行全面检查,了解误差及加工余量情况,然后进行加工。

(2)加工平行面,必须在基准面达到平面度要求后进行;加工垂直面,必须在平面、平行面加工好以后进行,即必须在确保平面、平行面达到规定的平面度及尺寸精度要求的情况下才能进行,使加工各相关面时具有准确的测量基准。

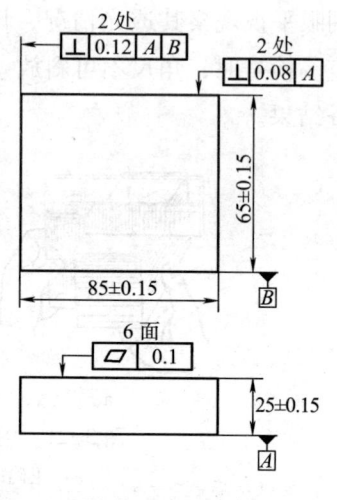

图 3-22 四方体

(3)在检查垂直度时,要注意角尺从上向下移动的速度,压力不要太大,否则易使尺座的测量面离开工件基准面,导致测量不准。

(4)在接近加工要求或进行误差修正时,要全面考虑,逐步进行,不要过急,以免使平面出现塌角、不平现象。

(5)工具、量具要放置在规定位置,使用时要轻拿轻放,用完要擦净,做到文明生产。

综合训练 T 形块的锉削

一、训练目标

1. 提高平面锉削技能水平,达到一定的锉削精度。

2. 掌握具有对称度要求的配合件的划线和工艺保障方法。
3. 掌握用细板锉进行锉削加工的方法。

二、工具和量具

锉削使用到的工具和量具有锯弓、钢直尺、宽座角尺、划针、三角锉、钳工锉、游标卡尺。

三、工件图样

试完成如图 3-23 所示 T 形块的锉削工作。

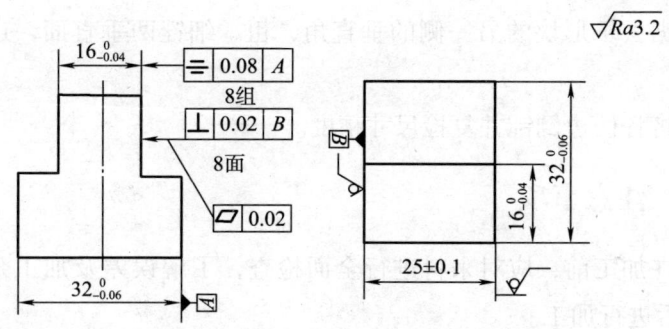

图 3-23 T 形块

四、操作技术要点

1. 加工 T 形块时，先锯掉一侧长方块，待加工至所要求的尺寸公差后，才能锯掉另一侧长方块。

2. 在加工垂直面时，要防止锉刀侧面碰坏另一垂直侧面，因此，必须将锉刀一侧在砂轮上进行修磨，并使其与锉刀面夹角略小于 90°，刃磨后最好用油石磨光。

五、操作步骤

1. 划线后锉正四方，达到尺寸精度、垂直度、平面度及表面粗糙度的要求。

2. 以 A，B 两基准面作为划线基准，划出 T 形块各平面加工线条。

3. 按划线锯去 T 形块的一侧垂直角，粗、细锉两垂直面。根据 32 mm 的实际尺寸，通过控制 24 mm 的尺寸误差值（本处应控制在 1/2×32 mm 的实际尺寸加 $8_{-0.04}^{+0.02}$ mm 的范围内），保证尺寸 $16_{-0.04}^{0}$ mm 的要求，同时又能保证其对称度误差小于 0.08 mm。

4. 锯去 T 形块的另一侧的垂直角，粗、细锉两垂直面，达到图样要求。

5. 将各棱边倒钝并复检尺寸精度。

六、注意事项

1. 在加工前，应对来料进行全面检查，了解误差及加工余量情况，然后进行加工。

2. 夹紧工件时，要在台虎钳上垫好软金属衬垫，避免夹伤工件端面。

3. 平行面的加工必须在基准面达到平面度要求后进行，垂直面的加工必须在平行面加工好以后进行。

4. 在检查垂直度时，要注意角尺从上向下移动的速度，压力不要太大，否则易使尺座的测量面离开工件基准面，易导致测量不准。

5. 工具和量具要放置在规定位置，使用时要轻拿轻放，用完要擦净，做到文明生产。

第 4 单元 孔加工

模块 1 钻孔

一、钻床

常用的钻床有台式钻床、立式钻床和摇臂钻床 3 种。

1. 台式钻床的特点

台式钻床结构较简单、操作方便，一般用于钻、扩 $\phi 12$ mm 以下的孔。台式钻床加工孔径小，主轴转速较高（在 400 r/min 以上），不适合进行铰孔和攻螺纹等操作。为保持主轴运转平稳，常采用三角带传动，并由塔形带轮来进行速度变换。台式钻床主轴的进给只有手动进给，一般都具有控制钻孔深度的装置；钻孔后，主轴能在涡卷弹簧的作用下自动复位。

2. 立式钻床的特点

立式钻床钻孔直径规格有 25 mm、35 mm、40 mm 和 50 mm 等几种。Z525 型立式钻床是目前钳工常用的一种钻床。立式钻床可以自动进给，主轴的转速和自动进给量都有较大的变动范围，能适用于各种中型件的钻孔、扩孔、锪孔、铰孔、攻螺纹等加工。由于它的功率较大，机构也较完善，因此可获得较高的效率和加工精度。

3. 摇臂钻床的特点

摇臂钻床适用于单件、小批和中等批量生产的中等件和较大件以及多孔件的各种孔加工。摇臂钻床能在很大范围内工作,工作时工件可压紧在工作台上,也可以直接放在底座上,靠移动主轴来对准工件上的中心,比立式钻床使用方便。摇臂钻床的主轴转速范围和进给量范围都很大,可获得较高的生产效率和加工精度。

二、标准麻花钻的结构

标准麻花钻简称麻花钻或钻头,是应用最广泛的钻孔工具。标准麻花钻由柄部、颈部和工作部分组成,如图 4-1 所示。

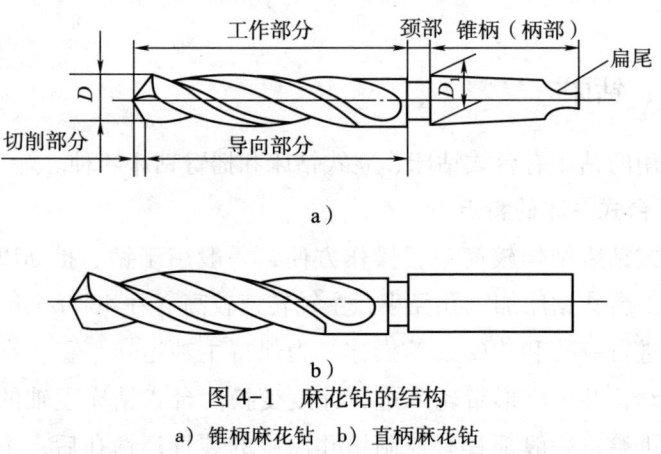

图 4-1 麻花钻的结构
a) 锥柄麻花钻 b) 直柄麻花钻

1. 柄部

麻花钻有锥柄麻花钻和直柄麻花钻两种,一般钻头直径小于 13 mm 的制成直柄,大于 13 mm 的制成锥柄。柄部是麻花钻的夹持部分,它的作用是定心和传递动力。

2. 颈部

颈部在磨削麻花钻时供砂轮退刀用的,钻头的规格、材料及商标常标识在颈部。

3. 工作部分

工作部分由导向部分和切削部分组成。导向部分的作用不仅是保证钻头钻孔时的正确方向，修光孔壁，同时还是切削部分的后备。在钻头重磨时，导向部分逐渐变为切削部分投入切削，导向部分有两条螺旋槽，作用是形成切削刃及容纳和排除切屑，便于切削液沿螺旋槽流入。同时，导向部分的外缘是两条棱边，它的直径略有倒锥，既可以引导钻头切削时的方向，使它不致偏斜，又可以减少钻头与孔壁的摩擦。切削部分由两条主切削刃、两个前刀面、两个后刀面、两个副切削刃、两个副后刀面和一条横刃组成，如图4-2所示。

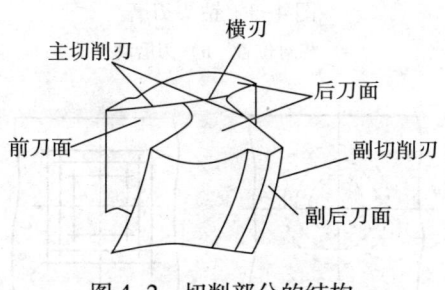

图4-2 切削部分的结构

三、标准麻花钻的刃磨方法及划线

1. 标准麻花钻的刃磨方法

（1）两手握法。右手握住钻头的头部，左手握住柄部，如图4-3a所示。

（2）钻头与砂轮的相对位置。钻头轴心线与砂轮圆柱母线在水平平面内的夹角等于钻头顶角2φ的一半，被刃磨部分的主切削刃处于水平位置，如图4-4a所示。

（3）刃磨动作。将主切削刃在略高于砂轮水平中心平面处先接触砂轮（见图4-4b）。右手缓慢地使钻头绕自己的轴线由下向上转动，同时施加适当的刃磨压力，这样可使整个后面都磨到。左手配合右手做缓慢的同步下压运动，便于磨出后角，其下压的速度及其

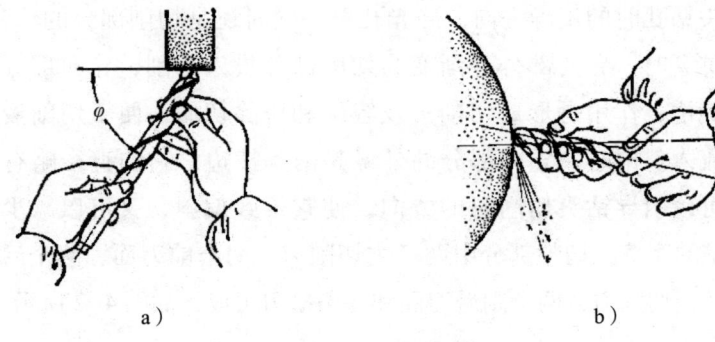

图 4-3 钻头刃磨

a) 相对位置 b) 刃磨动作

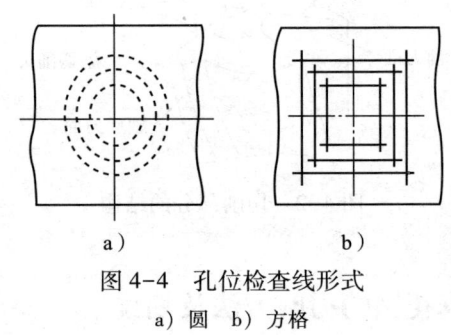

图 4-4 孔位检查线形式

a) 圆 b) 方格

幅度随要求的后角大小而变;为保证钻头近中心处磨出较大后角,还应做适当的右移运动。刃磨时,两手动作的配合要协调、自然,不断反复,两后面经常轮换,直至达到刃磨要求。

(4) 钻头冷却。钻头刃磨压力不宜过大,并要经常蘸水冷却,防止因过热退火而降低硬度。

(5) 砂轮。一般采用粒度为 46~80、硬度为中软级的砂轮进行刃磨麻花钻。刃磨过程中,砂轮旋转必须平稳,对跳动量大的砂轮要进行修整。

(6) 刃磨检验。钻头的几何角度及两主切削刃的对称度等要求,可利用检验样板进行检验,但最常用的还是目测的方法。目测检验时，把钻头切削部分向上竖立，两眼平视，由于两主切削刃一前一后会产生视差，往往感到左刃（前刃）高而右刃（后刃）低，所以要旋转180°后反复看几次，如果结果一样，就说明对称了。钻头外缘处的后角要求，可对外缘处靠近刃口部分的副后刀面的倾斜情况来进行目测。近中心处的后角要求，可通过控制横刃斜角的合理数值来保证。

2. 钻孔时的工件划线

按钻孔的位置尺寸要求，划出孔位的十字中心线，并打上中心样冲眼（要求冲眼要小，位置要准），按孔的大小划出孔的圆周线。对钻直径较大的孔，应划出几个大小不等的检查圆（见图4-4a），以便钻孔时检查和找正钻孔位置。当钻孔的位置尺寸要求较高，为了避免敲击中心样冲眼时产生偏差，也可直接划出以孔中心线为对称中心的几个大小不等的方格（见图4-4b），作为钻孔时的检查线；然后将中心样冲眼敲大，以便准确落钻定心。

四、钻头的装拆

钻头安装方法如图4-5所示。

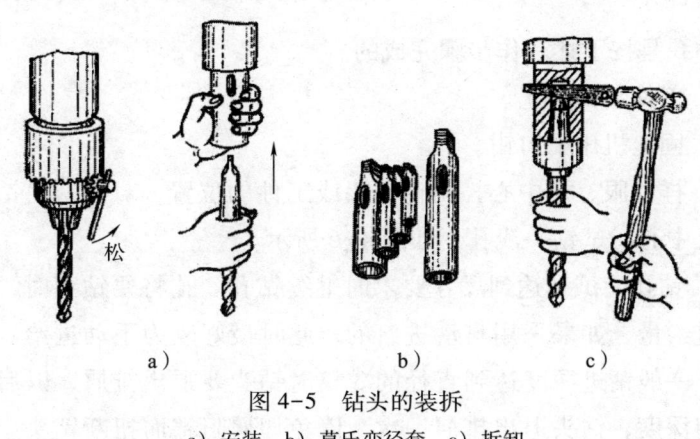

图4-5 钻头的装拆
a）安装 b）莫氏变径套 c）拆卸

五、标准麻花钻的缺点

1. 横刃较长，横刃处前角为负值，在切削过程中，横刃处于挤刮状态，产生很大的轴向力，使钻头容易发生抖动，定心不良。试验表明，钻削时50%的轴向力和15%的扭矩是由横刃产生的，这是钻削中产生切削热的重要原因。

2. 主切削刃上各点的前角大小不一样，致使各点切削性能不同。由于靠近处的前角是负值，切削为挤压状态，切削性能差，产生热量大，磨损严重。

3. 钻头的负后角为零，靠近切削部分的棱边与孔壁的摩擦比较严重，容易发热和磨损。

4. 主切削刃外缘处的刀尖角较小，前角很大，刀齿薄弱，而此处的切削速度却很高，故产生的切削热最多，磨损极为严重。

5. 主切削刃长，而且全宽参加切削，各点切屑流出速度的大小和方向都相差很大，会增加切屑变形，故切屑卷曲成很宽的螺旋卷，容易堵塞容屑槽，造成排屑困难。

六、钻孔步骤

钻孔是按下述工作步骤完成的。

1. 工件装夹找正。
2. 固定机用平口钳。
3. 样冲眼、定中心，调正钻头或工件的位置，对刀，使钻尖对准钻孔中心，试钻一浅孔，如图4-6所示。
4. 钻孔。试钻达到尺寸要求时继续钻孔。孔将要钻穿时，必须减小进给量，如果采用自动进给的，此时最好改为手动进给。钻深孔时，一般钻进深度达到直径的3倍时钻头要退出排屑，以后每钻进一定深度，钻头退出排屑一次，以免切屑阻塞而扭断钻头。钻直

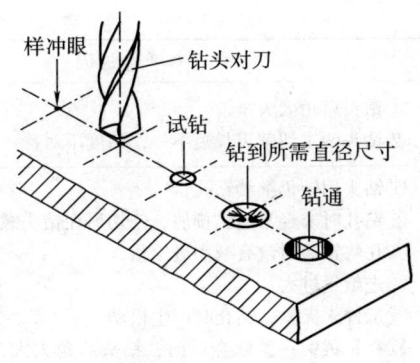

图4-6 钻孔步骤

径超过 φ30 mm 的孔,可分两次钻削。

5. 去毛刺。

七、钻孔质量分析

钻孔常见质量问题和产生原因见表 4-1。

表 4-1 　　　　　钻孔质量分析

质量问题	产生原因
孔大于规定尺寸	①钻头两切削刃长度不等,高低不一致 ②钻床主轴径向偏摆或工作台未锁紧有松动 ③钻头本身弯曲或装夹不好,使钻头有过大的径向跳动现象
孔壁粗糙	①钻头不锋利 ②进给量太大 ③切削液选用不当或供应不足 ④钻头过短、排屑槽堵塞
孔位偏移	①工件划线不正确 ②钻头横刃过长造成定心不准,起钻过偏而没有校正
孔歪斜	①工件上与孔垂直的平面与主轴不垂直或钻床主轴与台面不垂直 ②工件安装时,安装接触面上的切屑未清除干净 ③工件装夹不牢,钻孔时产生歪斜,或工件有砂眼 ④进给量过大使钻头产生弯曲变形

续表

质量问题	产生原因
钻孔呈多角形	①钻头后角太大 ②钻头两主切削刃长短不一，角度不对称
钻头工作部分折断	①钻头用钝仍继续钻孔 ②钻孔时未经常退钻排屑，使切屑在钻头螺旋槽内阻塞 ③孔将钻通时没有减小进给量 ④进给量过大 ⑤工件未夹紧，钻孔时产生松动 ⑥在钻黄铜一类软金属时，钻头后角太大，前角又没有修磨小造成扎刀
切削刃迅速磨损或碎裂	①切削速度太快 ②没有根据工件的内部硬度来磨钻头角度 ③工件表面或内部硬度过大 ④进给量过大 ⑤切削液不足

八、安全注意事项

1. 操作钻床时不可戴手套，应穿紧口工作服，将袖口扎紧，女同志必须戴工作帽。

2. 工件必须压紧或夹紧，小工件可用手虎钳或其他夹具夹紧。孔钻通前应尽量减小进给量。

3. 开动钻床前，应仔细检查是否有钻夹头钥匙插在钻床的主轴上。

4. 不能用手、棉纱或用嘴吹来清除切屑，而应用刷子来清除，长条切屑要用钩子钩断后除去。

5. 停机时，应让主轴自然停止，不可用手指去刹住。

6. 当用工具拨三角形带进行变速时，要防止手指被卷入。

7. 严禁在开机状态下装拆工件。检查工件和变换主轴转速时，必须在停机状态下进行。

模块2　扩孔与铰孔

一、扩孔

用扩孔钻对工件上已有孔进行扩大加工的方法，称为扩孔，如图4-7所示。

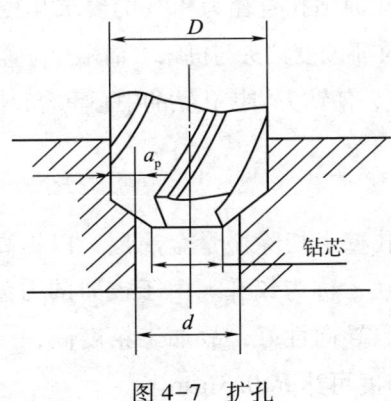

图4-7　扩孔

由图4-7可知，扩孔时背吃刀量 a_p 为：

$$a_p = \frac{D-d}{2}$$

式中　D——扩孔后的直径，mm；

　　　d——扩孔前的直径，mm。

1. 扩孔的特点

（1）扩孔钻无横刃，避免了横刃切削所引起的不良影响。

（2）背吃刀量较小，切屑易排出，不易擦伤已加工面。

（3）扩孔钻强度高、齿数多、导向性好、切削稳定，可使用较大切削量（进给量一般为钻孔的 1.5~2 倍，切削速度约为钻孔的 1/2），提高了生产效率。

（4）加工质量较高。一般公差等级可达 IT10~IT9，表面粗糙度可达 Ra 12.5~3.2 μm，常作为孔的半精加工及铰孔前的预加工。

2. 扩孔注意事项

（1）扩孔钻多用于大批量生产。小批量生产常用麻花钻代替扩孔钻进行加工，此时，应适当减小钻头前角，防止扩孔时扎刀。

（2）用麻花钻扩孔，扩孔前钻孔直径为 50%~70% 的要求孔径；用扩孔钻扩孔，扩孔前钻孔直径为 90% 的要求孔径。

（3）钻孔后，在不改变钻头与机床主轴相互位置的情况下，应立即换上扩孔钻进行扩孔，使钻头与扩孔钻的中心重合，保证加工质量。

二、铰孔

用铰刀从工件孔壁上切除微量金属层，以提高其尺寸精度和降低表面粗糙度的方法，称为铰孔。由于铰刀的刀齿数量多，切削余量小，切削阻力小，导向性好，故加工精度高，一般公差等级可达 IT9~IT7，表面粗糙度可达 Ra 0.8 μm。

1. 铰刀的结构

铰刀有柄部、颈部和工作部分组成，如图 4-8 所示。

（1）柄部的作用是用来夹持和传递扭矩，柄部有锥柄、直柄和方榫形三种。

（2）工作部分由引导部分、切削部分、校准部分组成。引导部分可引导铰刀头部进入孔内，其导向角一般为 45°，切削部分担负切去铰孔余量的任务。校准部分有棱边，起定向、修光孔壁、保证铰刀直径和便于测量等作用。校准部分中的倒锥部分的作用是减小铰刀与孔壁的摩擦。铰刀齿数一般为 4~8 齿，为测量直径方便，多采用偶数齿。

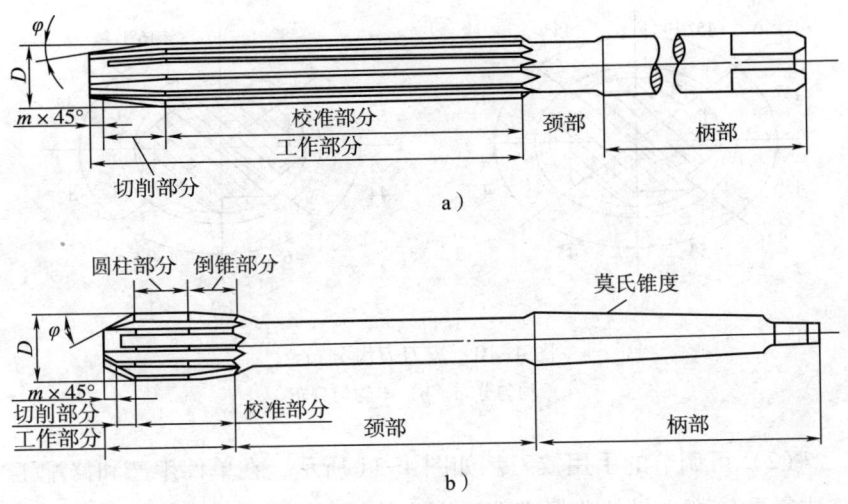

图 4-8 铰刀的结构
a) 手用铰刀 b) 机用铰刀

2. 铰刀的种类

（1）整体圆柱铰刀。如图 4-9 所示，整体圆柱铰刀主要用来铰削标准直径系列的孔，分机用铰刀和手用铰刀两种。

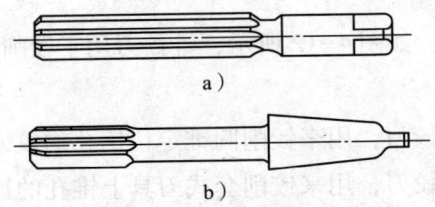

图 4-9 铰刀的种类
a) 手用铰刀 b) 机用铰刀

一般手用铰刀的齿距在圆周上是不均匀分布的（见图 4-10b）。机用铰刀工作时靠机床带动，为制造方便，都做成等距分布刀齿（见图 4-10a）。

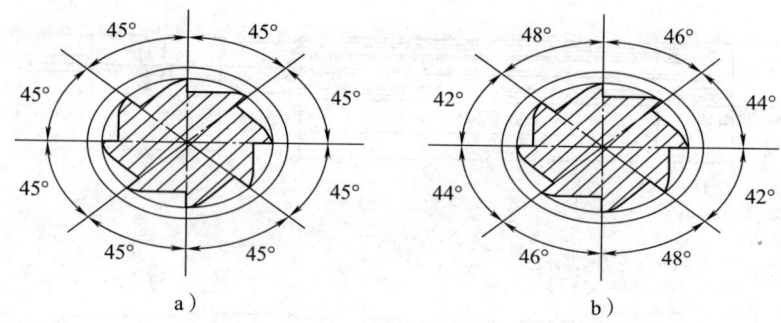

图 4-10 铰刀刀齿分布
a) 均匀分布 b) 不均匀分布

(2) 可调节的手用铰刀。如图 4-11 所示，在单件生产和修配工作中需要铰削少量的非标准孔，则应使用可调节的手用铰刀。

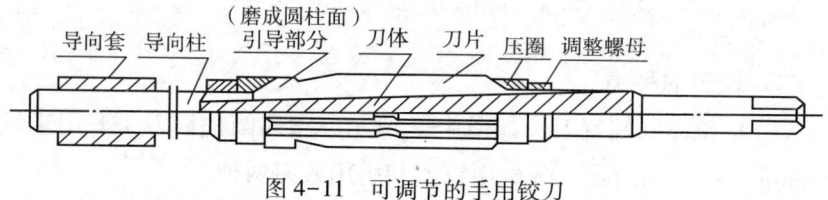

图 4-11 可调节的手用铰刀

(3) 锥铰刀。如图 4-12 所示，锥铰刀用于铰削圆锥孔，常用的有以下几种。

1) 1∶50 锥铰刀，用来铰削圆锥定位销孔的铰刀。

2) 1∶30 锥铰刀，用来铰削套式刀具上锥孔的铰刀。

3) 1∶10 锥铰刀，用来铰削联轴器上锥孔的铰刀。

4) 莫氏锥铰刀，用来铰削 0~6 号莫氏锥孔的铰刀，其锥度近似于 1∶20。

用锥铰刀铰孔，加工余量大，整个刀齿都作为切削刃进入切削，负荷重，因此每进刀 2~3 mm 应将铰刀取出一次，以清除切屑。1∶10 锥孔和莫氏锥孔的锥度大，加工余量就更大，为使铰孔省力，

图 4-12 锥铰刀

铰刀一般制成 2~3 把一套,其中一把是精铰刀,其余是粗铰刀。粗铰刀的刀刃上开有螺旋形分布的分屑槽,以减轻切削负荷。图 4-13 所示是两把一套的锥铰刀。

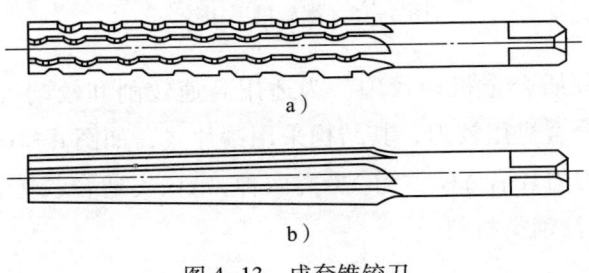

图 4-13 成套锥铰刀
a)粗铰刀 b)精铰刀

锥度较大的锥孔,铰孔前的底孔应钻成阶梯孔,如图 4-14 所示。阶梯孔的最小直径按锥度铰刀小端直径确定,并留有铰削余量,其余各段直径可根据锥度推算。

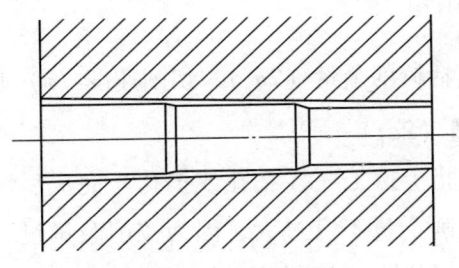

图 4-14 铰前钻成阶梯孔

(4)螺旋槽手用铰刀。用普通直槽铰刀加工有键槽孔时,因为刀刃会被键槽边钩住，而使铰削无法进行，因此必须采用螺旋槽手用铰刀，如图4-15所示。用这种铰刀铰孔时，铰削阻力沿圆周均匀分布，铰削平稳，铰出的孔光滑。一般螺旋槽的方向应是左旋，以避免铰削时因铰刀的正向转动而产生自动旋进的现象；同时，左旋刀刃容易使切屑向下，易推出孔外。

图4-15　螺旋槽手用铰刀

（5）硬质合金机用铰刀。为适用高速铰削和铰削硬材料，常采用硬质合金机用铰刀，其结构采用镶片式，如图4-16所示。硬质合金铰刀刀片有YG类和YT类两种，YG类适合铰铸铁类材料，YT类适合铰钢类材料。

图4-16　硬质合金机用铰刀

三、铰削用量

铰削用量包括铰削余量（$2a_p$）、切削速度（v）和进给量（f）。

1. 铰削余量（$2a_p$）

铰削余量是指上道工序（钻孔或扩孔）完成后留下的直径方向的加工余量。铰削余量不宜过大，因为铰削余量过大，会使刀齿切削负荷增大，变形增大，切削热增加，被加工表面呈撕裂状态，致使尺寸精度降低，表面粗糙度增大，同时加剧铰刀磨损。

铰削余量也不宜太小，否则，上道工序的残留变形难以纠正，原有刀痕不能去除，铰削质量达不到要求。

选择铰削余量时，应综合考虑到孔径大小、材料软硬、尺寸精度、表面粗糙度要求及铰刀类型等因素。用普通标准高速钢铰刀铰孔时，铰削余量可参考表 4-2。

表 4-2　　　　　　　　　铰削余量　　　　　　　　　　　　mm

铰孔直径	<5	5~20	21~32	33~50	51~70
铰削余量	0.1~0.2	0.2~0.3	0.3	0.5	0.8

此外，铰削余量的确定，与上道工序的加工质量有直接关系。对铰削前预加工孔出现的弯曲、锥度、椭圆和不光洁等缺陷，应有一定限制。铰削精度较高的孔，必须经过扩孔或粗铰，才能保证最后的铰孔质量。所以确定铰削余量时，还要考虑铰孔的工艺过程。

2. 机铰切削速度（v）

为了得到较小的表面粗糙度，必须避免产生刀瘤，减少切削热及变形，因而应采取较小的切削速度。用高速钢铰刀铰钢件时，$v=4$~8 m/min；铰铸铁件时，$v=6$~8 m/min；铰铜件时，$v=8$~12 m/min。

3. 机铰进给量（f）

进给量要适当，过大铰刀易磨损，也影响加工质量；过小则很难切下金属材料，形成对材料挤压，使其产生塑性变形和表面硬化，最后形成刀刃撕去大片切屑，使表面粗糙度增大，并加快铰刀磨损。

铰钢件及铸铁件时，$f=0.5$~1 mm/r；铰铜和铝件时，$f=1$~1.2 mm/r。

四、铰孔时的冷却润滑

铰削的切屑细碎容易粘在刀刃上，甚至挤在孔壁与铰刀之间，从而刮伤表面，扩大孔径。铰削时必须选用适当的切削液冲掉切屑，减少摩擦，降低工件和铰刀温度，防止产生刀瘤。切削液选用可参考表 4-3。

表 4-3　　　　　　　铰削时的切削液选择

加工材料	切削液
钢	①10%~20%乳化液 ②铰孔要求高时，采用 30%菜油加 70%肥皂水 ③铰孔要求更高时，可采用茶油、柴油、动物油等
铸铁	①煤油（会引起孔径缩小，最大收缩量 0.02~0.4 mm） ②低浓度乳化液
铝	煤油
铜	乳化液

五、铰孔实例

铰孔工件如图 4-17 所示。

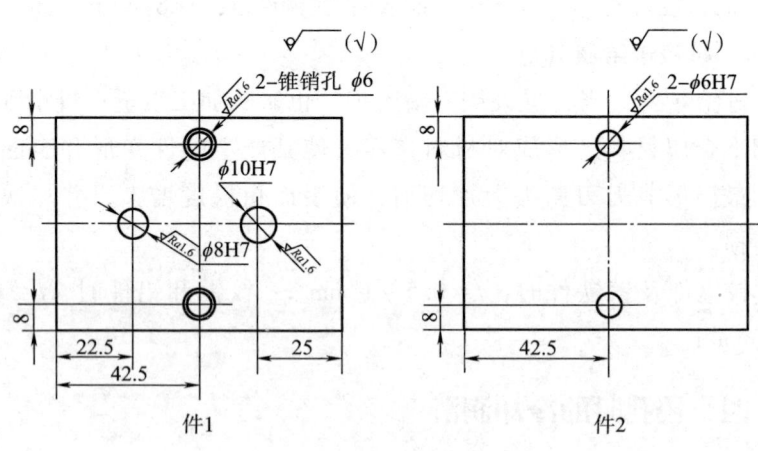

图 4-17　铰孔工件

1. 铰孔步骤

（1）装夹好工件。

（2）检查铰刀，用棉纱将铰刀擦干净，切削刃如有毛刺或切屑黏附时，可用油石小心磨去。将铰刀安装在铰刀扳手（铰杠）上。

（3）手铰起铰时，可用右手通过铰孔轴线施加进给压力，左手转动2~3圈，进入正常切削时再用双手操作，如图4-18所示。

（4）正常铰削时，两手用力要均匀，平稳旋转，不得有侧向压力，适当加压，均匀进给。铰孔或退出铰刀时，铰刀均不能反转，如图4-19所示。

图4-18 施加进给压力

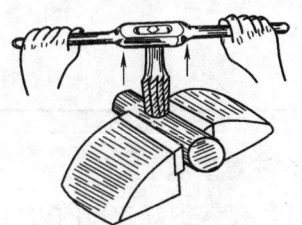
图4-19 退出铰刀

（5）机铰时，应使工件一次装夹进行钻孔、铰孔工作。

（6）随时清除切屑，保证质量。

2. 铰孔容易出现的问题（见表4-4）

表4-4　　　　　　　铰孔容易出现的问题

出现问题	产生原因
加工表面粗糙度大	①铰孔余量太大或太小 ②铰刀的切削刃不锋利，刃口崩裂或有缺口 ③不用冷却润滑液，或用不适当的冷却润滑液 ④铰刀退出时反转，手铰时铰刀旋转不平稳 ⑤切削速度太高产生刀瘤，或刀刃上粘有切屑 ⑥容屑槽内切屑堵塞

续表

出现问题	产生原因
孔呈多角形	①铰削量太大，铰刀振动 ②铰孔前钻孔不圆，铰刀发生弹跳现象
孔径缩小	①铰刀磨损 ②铰铸铁时加煤油 ③铰刀已钝
孔径扩大	①铰刀中心线与钻孔中心线不同轴 ②铰孔时两手用力不均匀 ③铰削钢件时没加润滑液 ④进给量与铰削余量过大 ⑤机铰时，主轴摆动太大 ⑥切削速度太高，铰刀热膨胀 ⑦操作粗心，铰刀直径大于要求尺寸 ⑧铰锥孔时，没及时用锥销检查

3. 注意事项

（1）要保护好铰刀的刃口，避免碰撞。

（2）铰刀要经常取出清屑，以免铰刀卡住。

（3）铰定位圆锥销孔时进给量不能太大，以免铰刀卡住或折断。

模块 3　锪孔

一、锪钻

用锪钻在孔口表面加工出一定形状的孔或表面的方法，称为锪削。锪钻分为圆柱形锪钻、锥形锪钻和端面锪钻，如图 4-20 所示。

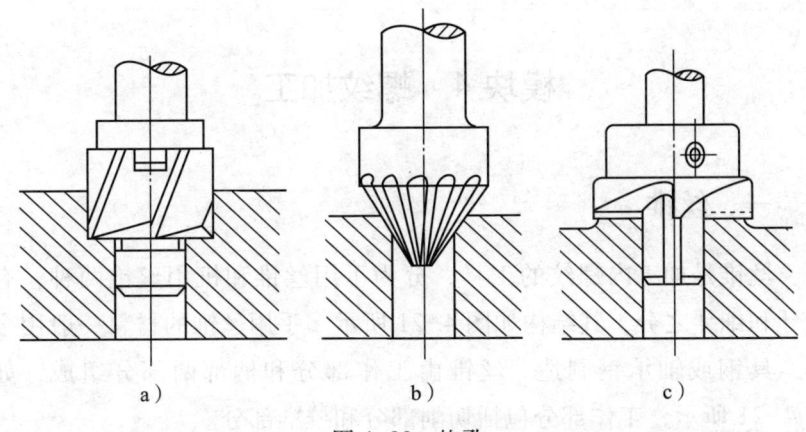

图 4-20 锪孔

a) 锪圆柱形沉孔 b) 锪锥形沉孔 c) 锪凸台平面

二、锪孔的注意事项

锪孔时刀具容易产生振动,使所锪的端面或锥面出现振痕,特别是使用麻花钻改制的锪钻,振痕更为严重。为此,在锪孔时应注意以下 3 点。

1. 锪孔时的进给量为钻孔的 2~3 倍,切削速度为钻孔的 1/3~1/2。精锪时可利用停车后的主轴惯性来锪孔,以减少振动而获得光滑表面。

2. 使用麻花钻改制锪钻时,尽量选用较短的钻头,并适当减小后角和外缘处前角,以防止扎刀和减少振动。

3. 锪钢件时,应在导柱和切削表面加切削润滑液。

模块4　螺纹加工

一、丝锥

丝锥是加工内螺纹的工具,分为手用丝锥和机用丝锥两种,有粗牙和细牙之分,其结构如图4-21所示。手用丝锥的材料一般用合金工具钢或轴承钢制造。丝锥由工作部分和柄部两部分组成,如图4-21所示,工作部分包括切削部分和校准部分。

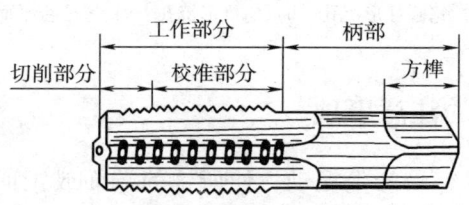

图4-21　丝锥的结构

为了减小攻螺纹时手用丝锥的切削力,延长丝锥的使用寿命,将攻螺纹时的整个切削量分配给几支丝锥来担负,故M6~M24的丝锥一套有两支,M6以下及M24以上的丝锥一套有3支。细牙丝锥不论大小均为两支一套。

二、圆板牙

圆板牙是钳工用来加工外螺纹的工具,它由切削部分、校准部分和排屑孔组成,其结构如图4-22所示。其本身就像一个圆螺母,在它上面钻有几个排屑孔而形成刃口,如图4-22a所示。

圆板牙的切削部分分为两端的锥角（2φ）部分。它不是圆锥面,而是经铲磨而成的阿基米得螺旋面,形成的后角 $\alpha_o = 7° \sim 9°$,锥角 $\varphi = 20° \sim 25°$。圆板牙前面是圆孔,因此前角的大小沿着切削刃而变化,外径处前角 γ_o 最小,内径处前角 γ_{o1} 为最大,如图 4-22b 所示,一般 $\gamma_o = 8° \sim 12°$。圆板牙的中间一段是校准部分,也是套螺纹时的导向部分。

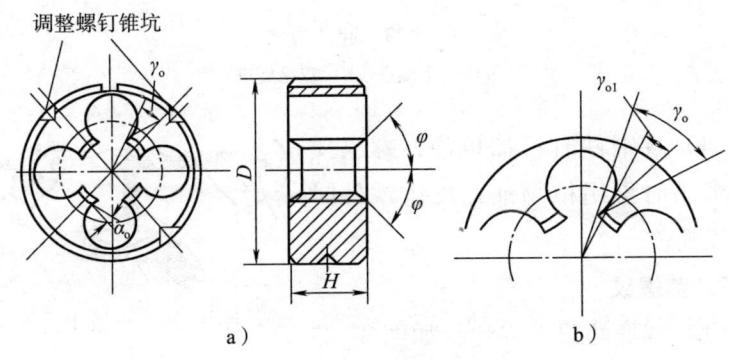

图 4-22 圆板牙
a) 外形和角度 b) 圆板牙前角变化

三、螺纹加工实例

1. 攻螺纹

(1) 在螺纹底孔的孔口倒角,通孔螺纹两端都要倒角,倒角处直径可略大于螺纹大径。

(2) 头锥起攻时,可一手用手掌按住铰杠中部,沿丝锥中心线用力加压,另一手配合做顺向旋进;或两手握住铰杠两端均匀施压,将丝锥顺向旋进,并保证丝锥中心线与孔中心重合,起攻方法如图 4-23 所示。

(3) 进入正常攻螺纹时两手用力要均匀,要经常倒转 1/4~1/2 圈,使切屑碎断后容易排出,避免因切屑阻塞而使丝锥卡住。进铰中排屑如图 4-24 所示。

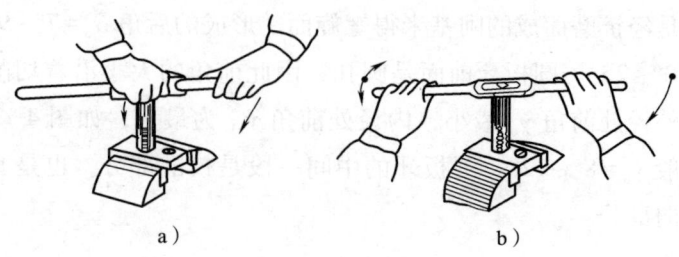

图 4-23　起攻方法
a) 单手旋进　b) 双手旋进

（4）攻钢件时可加机油，螺纹质量要求高时可用植物油，攻铸铁件时可用煤油。

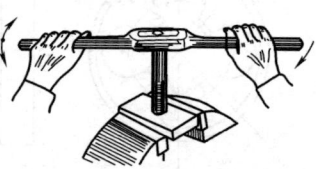

图 4-24　进铰中排屑

2. 套螺纹

（1）圆杆的装夹方法，如图 4-25 所示。一般采用 V 形夹块或厚铜衬（铜钳口）作衬垫，方能可靠夹紧。

（2）起套时一手用手掌按住铰杠中部，沿圆杆的轴向施加压力，另一手配合做顺向切进，转动要慢，压力要大，并保证圆板牙端面与圆杆的垂直度，不得歪斜，起套方法如图 4-26 所示。

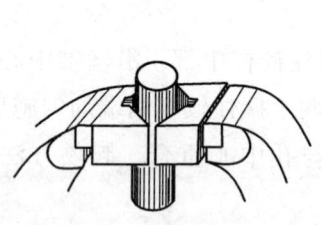

图 4-25　圆杆的夹持方法

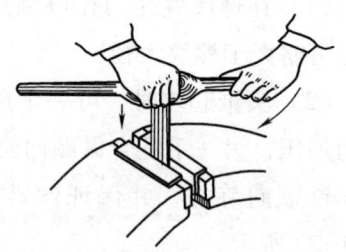

图 4-26　起套方法

（3）套螺纹进入正常操作，而圆板牙切入圆杆 2~3 牙时，应退出圆板牙，用 90°角尺检查其垂直度误差并及时校正，然后再接着套螺纹，以保证套螺纹的质量。在套螺纹过程中应经常倒转圆板牙，以便断屑。

（4）在钢件上套螺纹时要加切削液，一般采用较浓的乳化液或机油。

四、注意事项

1. 起攻螺纹和起套螺纹时，要从两个方向进行垂直度的校正。
2. 两手施力要均匀，要掌握好用力限度。

综合训练　攻螺纹

一、训练目标

1. 掌握在钢件上进行钻孔、铰孔、锪孔及攻螺纹的方法。
2. 按划线钻孔，并达到一定的位置精度要求。
3. 孔口倒角正确，表面无损伤。

二、准备工作

1. 工具、夹具和量具的准备

方箱、游标高度尺、样冲、麻花钻（$\phi 5$、$\phi 6.8$、$\phi 8.5$、$\phi 14$、$\phi 17.5$）、90°圆锥锪钻、90°角尺、钢直尺、游标卡尺、丝锥（M6、M8、M10、M16、M20）、铰杠、平口钳等。

2. 检查毛坯

检查毛坯长、宽、高和3个基准面 B、C、D 的垂直度误差及上下两面的平行度误差。

三、工件图样

攻螺纹工件如图 4-27 所示。

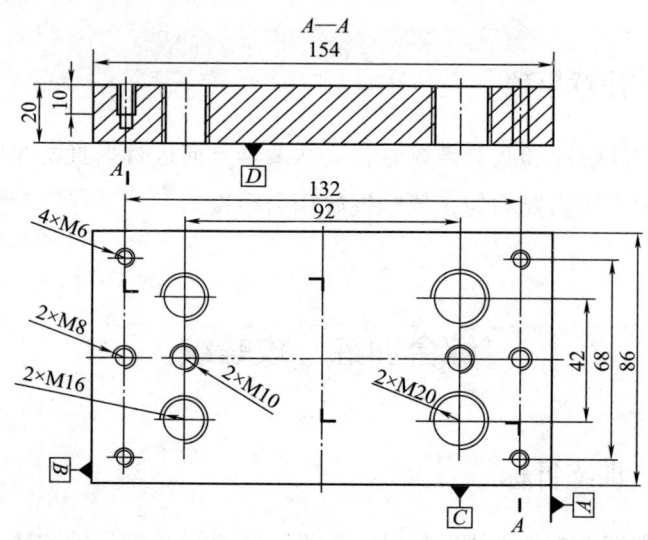

技术要求
1. 螺纹不准有明显歪斜。
2. 材料为Q325钢。

图 4-27 攻螺纹工件

四、练习步骤

1. 按图样要求划出全部加工位置线。

2. 用平口钳装夹工件,按划线钻平面各孔,倒角,并达到位置尺寸要求(可用游标卡尺测量)。

3. 用手用铰刀铰削有关各孔。

4. 攻制各螺纹,并达到垂直度要求。

5. 修去毛刺,复查全部精度,交件检验。

五、注意事项

1. 钻不同孔径的孔，转速要选择适当。

2. 用钻头起钻定中心时，机用平口钳可不固定，待起钻浅坑位置正确后再压紧，并保证落钻时钻头没有弯曲现象。

3. 用小钻头钻孔时进给压力不能太大，以免钻头弯曲、折断。

4. 攻螺纹时要按头锥、二锥的先后顺序进行，不准直接用二锥攻螺纹。

5. 应做到安全文明操作。

第5单元 矫正与弯形

模块1 矫正

消除金属材料或工件不平、不直或翘曲等缺陷的加工方法，称为矫正。矫正的实质就是让金属材料产生新的塑性变形，来消除原来不应存在的塑性变形。所以只有塑性好的材料才能进行矫正。

一、手工矫正的工具

1. 平板和铁砧

平板、铁砧及台虎钳等都可以作为矫正板材、型材或工件的基座。

2. 锤子

矫正一般材料均可采用钳工锤；矫正已加工表面、薄钢件或有色金属制件时，应采用铜锤、木锤或橡胶锤等软锤，图5-1所示为木锤矫正板料。

3. 抽条和拍板

抽条是采用条状薄板料弯成的简易手工工具。它用于抽打较大面积的板料，如图5-2所示。拍板是用质地较硬的檀木制成的专用工具，用于敲打板料。

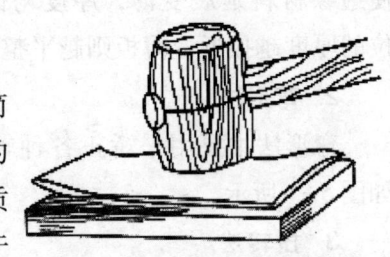

图5-1 木锤矫正板料

4. 螺旋压力工具

螺旋压力工具适用于矫正较大的轴类工件或棒料，如图 5-3 所示。

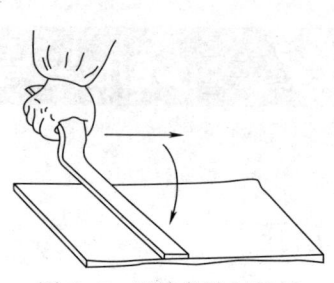
图 5-2　用抽条抽打板料

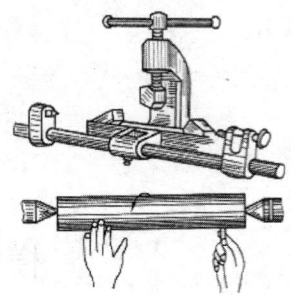
图 5-3　螺旋压力工具

二、矫正方法

1. 延展法

延展法是用手锤敲击材料，使它延展、伸长，达到矫正的目的。这种方法适用于金属板料及角钢的凸起、翘曲等变形的矫正。

如图 5-4 所示，薄板中间凸起变形，变形原因是凸起部位材料受力变薄引起的。矫正时应锤击板料边缘，使边缘材料延展变薄，厚度与凸起部位的厚度越接近，薄板则越平整。

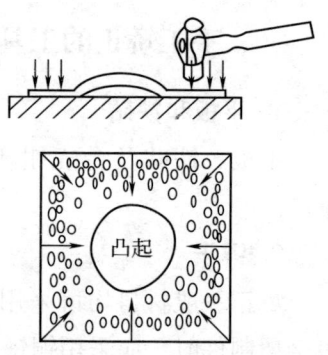
图 5-4　中凸薄板的矫正

2. 弯形法

弯形法主要用来矫正各种轴类、棒类工件或型材的弯曲变形，如图 5-3 所示。

3. 扭转法

扭转法用于矫正条料的扭曲变形，如图 5-5 所示。

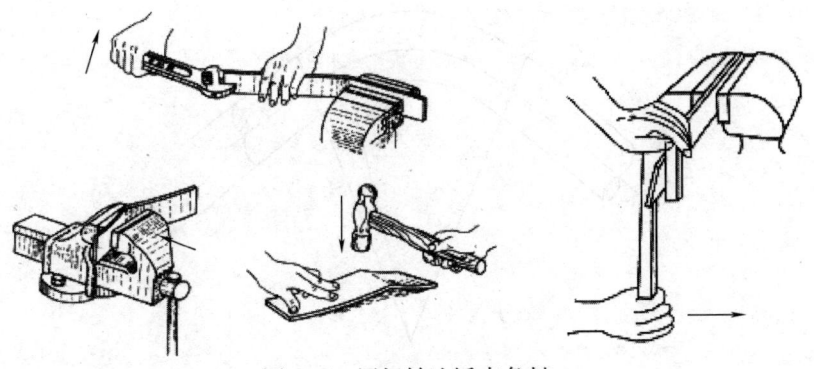

图 5-5 用扭转法矫直条料

4. 伸张法

伸张法用来矫正各种细长线材的卷曲变形，如图 5-6 所示。

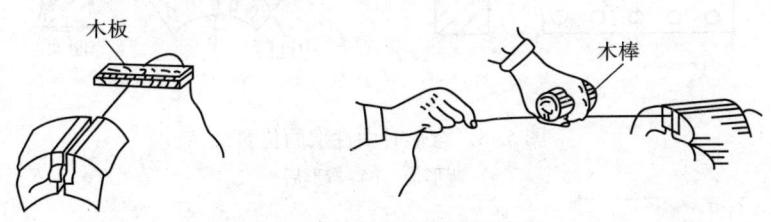

图 5-6 伸张法矫直细长线材

模块 2　弯形

将坯料（如板料、条料或管子等）弯成所需要形状的加工方法，称为弯形。图 5-7 所示为多直角形工件的弯形。

弯形是使材料产生塑性变形而实现的，因此，只有塑性好的材料才能进行弯形。弯形后外层材料伸长，内层材料缩短，中间一层材料长度不变，称为中性层。弯形部分材料虽然产生拉伸和压缩，但其截面积保持不变，如图 5-8 所示。

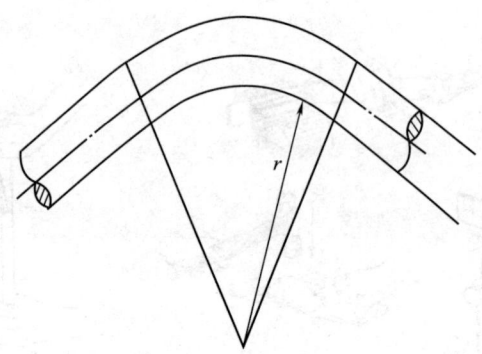

图 5-7 多直角形工件弯形

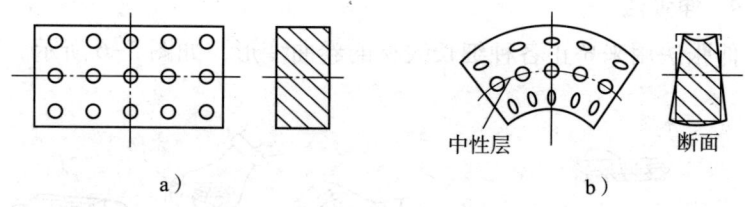

图 5-8 弯形时中性层的位置
a）弯形前 b）弯形后

坯料弯形后，只有中性层的长度不变，因此，弯形前坯料长度可按中性层的长度进行计算。但材料弯形后，中性层一般并不在材料的正中，而是偏向内层材料一边。试验表明，中性层的实际位置与材料的弯形半径 r 和材料的厚度 t 有关。

由于材料本身性质的差异和弯形工艺及操作方法的不同，理论上计算的坯料长度和实际需要的坯料长度之间会有误差。因此，成批生产时要采用试弯的方法确定坯料长度，以免造成批废品。

弯形方法有冷弯和热弯两种。在常温下进行的弯形叫冷弯；当弯形材料厚度大于 5 mm、直径较大的料或管料工件弯形时，常需要将工件加热后再弯形，这种方法称为热弯。弯形虽然是塑性变形，但也有弹性变形存在，为抵消材料的弹性变形，弯形过程中应多弯些。

第6单元 刮削与研磨

模块1 刮削

一、刮削工具

1. 校准工具

刮削的校准工具多由专业厂家生产制造,有校准直尺、角度直尺及校准平板等,如图6-1所示。检验曲面刮削的质量时常用与其配合的轴作为校准工具。

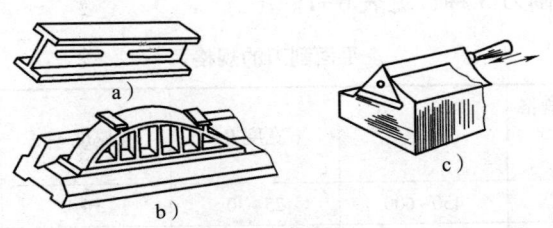

图6-1 校准工具
a)平台校准平尺 b)直角平面校准尺 c)燕尾平面校准尺

2. 油石

油石用来磨刮刀,使用前用油泡几天。用油石磨刀时要随时洒水,油石表面不能有金属屑,如果工件表面有金属屑应用煤油洗净。

3. 显示剂

常用显示剂有红丹粉和蓝油。红丹粉分为铁丹（原料为氧化铁，呈红褐色）和铅丹（原料为氧化铅，呈橘红色），用机油调和而成，用于铸铁和钢件上；蓝油由普鲁士蓝粉和蓖麻油加适量机油调和而成，用于精密工件和有色金属及其合金工件上。

二、刮刀的种类和规格

刮刀分平面刮刀和曲面刮刀两大类。一般用碳素工具钢 T12A 或滚动轴承钢 GCr15 锻制而成。刮削硬度较高的工件时，可在刀头部分焊上硬质合金。

1. 平面刮刀

平面刮刀用来刮削平面和外曲面。平面刮刀又分为普通刮刀和活头刮刀两种，如图6-2所示。根据刮削表面精度要求的不同，平面刮刀可分为粗刮刀、细刮刀和精刮刀3种，见表6-1。

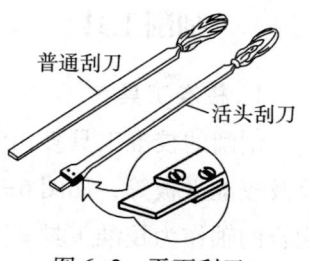

图6-2 平面刮刀

表6-1　　　　　　　平面刮刀的规格　　　　　　　　　　mm

尺寸规格 种类	全长 L	宽度 B	厚度 e	活动头长度 l
粗刮刀	450~600	25~30	3~4	100
细刮刀	400~500	15~20	2~3	80
精刮刀	400~500	10~12	1.5~2	70

2. 曲面刮刀

曲面刮刀用来刮削内曲面，如滑动轴承内孔、轴瓦等。曲面刮刀可分为三角刮刀、圆头刮刀和蛇头刮刀3种，如图6-3所示。

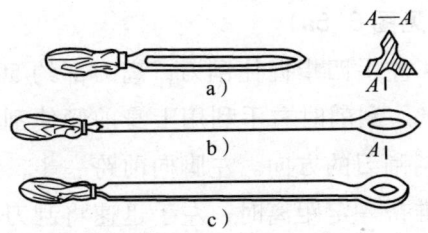

图 6-3 曲面刮刀
a) 三角刮刀 b) 圆头刮刀 c) 蛇头刮刀

三、平面刮刀的几何角度

平面刮刀的几何角度按粗、细、精刮的要求而定，如图 6-4 所示。粗刮刀为 90°~92.5°，刀刃平直；细刮刀为 95°左右，刀刃稍带圆弧；精刮刀为 97.5°左右，刀刃带圆弧；刮韧性材料的刮刀为 75°~85°，可磨成正前角，但这种刮刀只适用于粗刮。刮刀应平整光洁，刃口无缺陷。

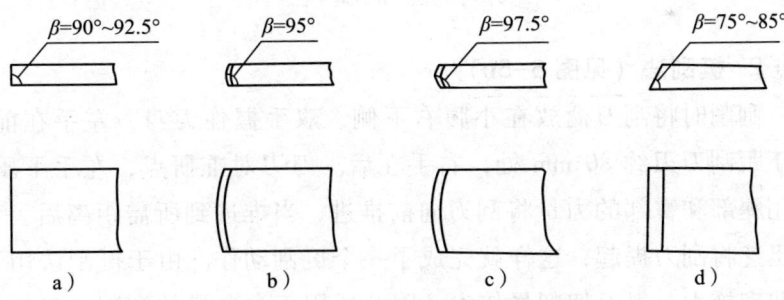

图 6-4 平面刮刀的几何角度
a) 粗刮刀 b) 细刮刀 c) 精刮刀 d) 刮韧性材料的刮刀

四、平面刮削的方法

平面刮削分为手刮法和挺刮法两种，如图 6-5 所示。

1. 手刮法（见图6-5a）

右手握刀柄，左手四指握住刮刀，离刃部约50mm，刮刀与工件表面成20°~30°。刮削时右手利用上身前倾使刮刀向前推挤，左手向下压，并控制刮刀的方向。左脚向前跨一步，上身随着向前倾斜。当刮刀向前推挤一定距离时，左手迅速将刮刀提起。手刮法动作灵活，适应性强，能应用于各种工作位置，但手臂容易疲劳，要求操作者臂力大、耐力好，故不宜在加工余量较大的场合下应用。

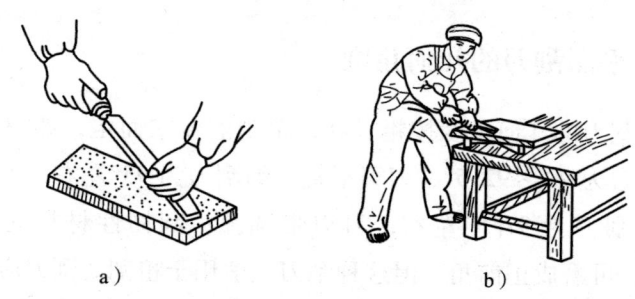

图6-5 平面刮削的方法
a）手刮法 b）挺刮法

2. 挺刮法（见图6-5b）

刮削时将刮刀柄放在小腹右下侧，双手握住刀身，左手在前，握于距刮刀刃约80mm处，右手在后。刀刃对准研点，左手下压，利用腿部和臀部的力量将刮刀向前推进，当推进到所需距离后，双手迅速将刮刀提起，这样就完成了一个挺刮动作。由于挺刮法用下腹肌肉施力，每刀切削量较大，因此适用于大余量的刮削，工作效率较高，但需要弯曲身体进行操作，故腰部易疲劳。

五、曲面刮削的方法

曲面刮削的原理和平面刮削一样，但刮削角度不同，如三角刮刀是靠保持刀刃的正前角来进行刮削的。曲面刮削时，是用曲面刮刀在曲面内做螺旋运动的。曲面刮削时用力不可太大，否则容易发生抖动，在工件表面产生振痕。每刮一遍后，下一遍刀迹应交叉进行，即用左手使刮刀做左、右螺旋方向运动。刀迹与中心线约成45°。

六、刮削表面的要求

刮削表面应无明显丝纹、振痕及落刀痕迹。刮削刀迹应交叉，粗刮时刀迹宽度应为刮刀宽度的2/3~3/4，长度为15~30 mm，接触点为25 mm×25 mm面积上均匀达到4~6点。细刮时刀迹宽度约为6 mm，接触点为每25 mm×25 mm面积上均匀达到8~12点。精刮时刀迹宽度和长度均小于5 mm，接触点为每25 mm×25 mm面积上达到20点以上。

七、显示剂的应用

粗刮时显示剂可调得稀些，涂层可略厚些，以增加显点面积；精刮时显示剂可调得稠些，涂层薄厚均匀，从而保证显点小而清晰。刮削临近符合要求时，显示剂涂层应更薄，把工件上在刮削后的剩余显示剂涂抹均匀即可。显示剂在使用过程中应注意清洁，避免砂粒、铁屑和其他污物划伤工件表面。

用标准平板进行涂色显点时，平板应放置稳定，将工件表面涂色后放在平板上，均匀地施加适当压力，并做直线或回转研点运动。粗刮研点时移动距离可略长些，精刮研点时移动距离应小于30 mm，以保证准确显点。当工件长度与平板长度相差不多时，研点时其错开距离不能超过工件本身长度的1/4。

八、平板刮削实例

1. 刮削步骤

（1）正研刮方法。将3块平板先单独进行粗刮，去除机械加工的刀痕和锈斑,然后将平板分别编为A、B、C,按编号次序进行刮削。原始平板的刮削步骤如图6-6所示。

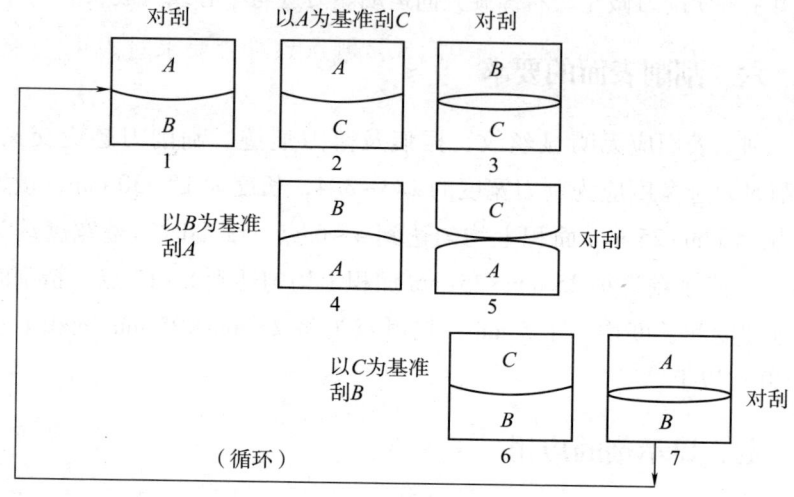

图6-6 原始平板的刮削步骤

1)先将平板A和B合研对刮,使A和B平面贴合,再以A为基准刮C,使之相互贴合,然后合研对刮B与C平板。两块平板的刮削量应尽可能相等,使B和C全部贴合。

2)以平板B为基准研刮平板A,再将平板C与A合研对刮,使C和A平板的平面度进一步提高。

3)以平板C为基准研刮平板B,再将A与B平板合研对刮,使A和B平板的平面度进一步提高。

之后依次分别以平板A、B、C按上述3个步骤循环进行刮削,直到3块平板中任取两块对研,基本无明显凹凸,显点一致,每块平板的接触点都在25 mm×25 mm方框内有12个点时为止。

(2)对角刮研方法。在正研刮后,往往会在平板对角部位上产生如图6-7所示的平面扭曲现象,而且3块平板高低位置相同,即同向扭曲。这种现象是由于在正研刮时一块平板的高处（+）正好与另一块平板的低处（-）重合所造成的。所以平板在正研刮后，还必须进行对角刮研，直到3块平板相互之间，无论是直研、对角研、调头研，研点情况完全相同，接触点数符合要求时为止。对角研点的方法如图6-7所示。

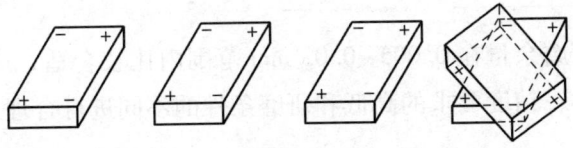

图6-7 对角研点的方法

2. 注意事项

（1）操作姿势要正确，落刀和起刀合理，防止梗刀。

（2）涂色研点时，平板必须放置稳定，施力要均匀，以保证研点显示真实。研点表面必须保持清洁，防止平板表面划伤拉毛。

（3）细刮时每个研点尽量只刮一刀，逐步提高刮点的准确性。

模块2　研磨

一、研磨的概念

研磨是使用工具和研磨剂从工件上研去一层极薄的表面层的精加工方法。

二、研磨的特点

1. 使工件的表面粗糙度降低

一般经过研磨加工后的表面粗糙度 $Ra1.6 \sim 0.1\ \mu m$，最小的可达到 $Ra0.005 \sim 0.012\ \mu m$。

2. 提高工件的尺寸精度

经研磨后的工件，其尺寸精度可达 0.005~0.001 mm。

3. 使工件能获得准确的几何形状和位置精度

一般经研磨后工件的几何误差可小于 0.005 mm。

三、研磨余量

一般研磨余量在 0.005~0.03 mm 范围内比较合适，应视工件加工面的大小、精度要求的高低和研磨条件的不同进行合理选择。

四、研磨工具

平面研磨通常都采用标准平板（见图 6-8）。精研磨时用精研平板，如图 6-8a 所示；粗研磨时，平板上可开槽，如图 6-8b 所示，以免过多的研磨剂浮在平板上，进而影响研磨效果。

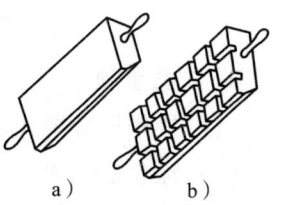

图 6-8 标准平板
a）精研平板 b）粗研平板

五、研磨剂

研磨剂是由磨料和润滑液调和而成的混合剂。

（1）磨料在研磨中起主要的切削作用。粗研磨钢件或铸铁件时可用棕刚玉或白刚玉，精研磨时可用氧化铬。粗研磨硬质合金时应选用绿色碳化硅，精研磨时最好用金刚石磨料。粗研磨时可用磨粉，精研磨时用微粉。

（2）润滑液在研磨中起调和磨料、冷却和润滑作用。常用的润滑液有煤油、汽油、机油、工业用甘油及熟猪油等。

六、平面研磨的轨迹

研磨平面的方法如图 6-9 所示，平面研磨的轨迹有以下几种。

第6单元 刮削与研磨

1. 直线运动轨迹

如图 6-9a 所示,直线研磨运动使工件表面研磨纹路平行,适用于狭长平面工件的研磨。

2. 直线摆动运动轨迹

如图 6-9b 所示,直线研磨摆动运动使工件在摆动的同时做直线往复运动,适用于对平直的圆弧工件进行研磨。

3. 螺旋形运动轨迹

如图 6-9c 所示,螺旋形研磨运动能使工件获得较高的平面度和很低的表面粗糙度,适用于对圆柱形工件的端面进行研磨。

4. "8"字形运动轨迹

如图 6-9d 所示,采用这种运动轨迹能使研具与工件相互研磨的平面保持均匀接触,既提高了工件的研磨质量,又能使研具保持均匀磨损,常用于研磨平板的修整或小平面工件的研磨。

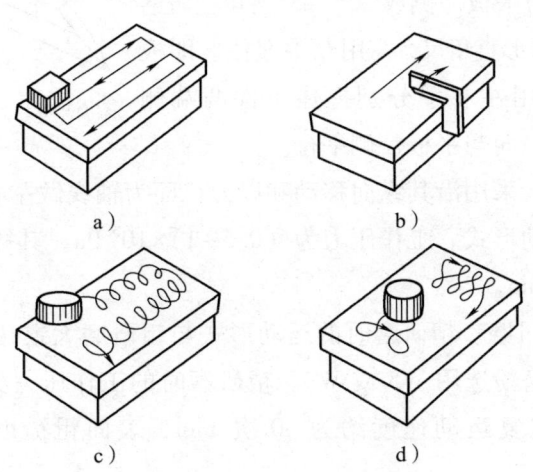

图 6-9 研磨平面的方法
a) 直线运动轨迹 b) 直线摆动运动轨迹
c) 螺旋形运动轨迹 d) "8"字形运动轨迹

七、研磨速度和压力

研磨应在低压、低速情况下进行。粗研磨时,压力以 $(1\sim 2)\times 10^5$ Pa、速度以 50 次/min 为宜;精研磨时,压力以 $(1\sim 5)\times 10^4$ Pa,速度以 30 次/min 为宜。

八、刀口形直角尺研磨实例

1. 研磨步骤

(1)粗研磨。用浸湿汽油的棉花束蘸上 W20~W10 的研磨粉,均匀涂在平板的研磨面上,如果工作场地的湿度高,尚需滴上适量的煤油,使其保持一定的湿润性。

研磨小规格的刀口形直角尺(见图 6-10)时,用右手的拇指、食指和中指捏住工件中部,工件的纵向与平板一侧成 30°~45°夹角;研磨大规格的刀口形直角尺,需用双手捏住,即根据上述方式用左右手分别捏住工件两端侧面,工件的纵向与平板一侧平行。

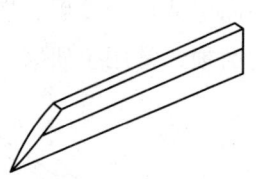

图 6-10 刀口形直角尺

研磨时,采用沿其纵向移动和以刀口面为轴线做左右 30°角摆动相结合的运动形式。工作压力为 $(0.5\sim 1)\times 10^5$ Pa,其往复运动速度约为 40 次/min。

(2)精研磨。精研磨时的运动形式与粗研磨大致相同,采用压砂平板,研磨粉选用 W5 或 W7。精研磨时的工作压力为 $(1\sim 5)\times 10^4$ Pa,其往复运动速度约为 30 次/min,表面粗糙度 Ra 应达到 0.025 μm。

2. 质量检验

检验刀口形直角尺的研磨质量时常采用光隙辨别法(见图 6-11),检验工件的水平方向和垂直方向。

检验时，如图6-11a所示，将工件和标准平尺擦拭干净，放在灯箱的玻璃板上，并使检验部位与荧光灯的中心位置相对。用双手捏住工件的两端，轻轻靠拢标准平尺的基面，以接缝为轴线，向上徐徐转动2°~3°，在垂直方向观察光隙。

另外，如图6-11b所示，把标准平尺的测量面垫到与荧光灯中心等高，将工件轻轻地放在标准平尺的测量面上，按上述方法转动工件，在水平方向上观察光隙。当光隙颜色为亮白色或白光时，其直线度误差小于0.02 mm；当光隙为白光或红光时，其直线度误差大于0.01 mm；当光隙为紫光或蓝光时，其直线度误差大于0.005 mm；当光隙为蓝光或不透光时，其直线度误差小于0.005 mm。

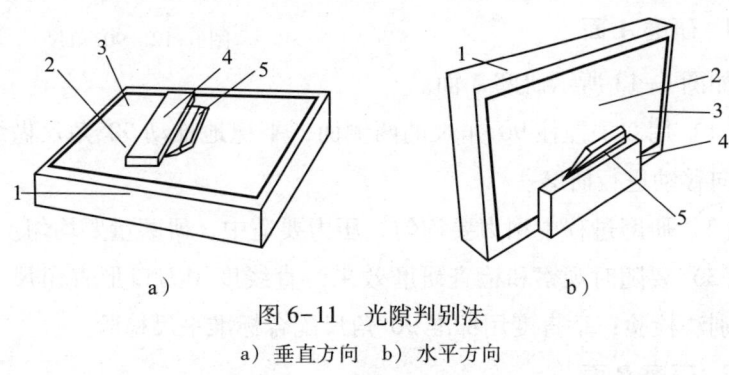

图6-11 光隙判别法
a) 垂直方向 b) 水平方向
1—灯箱 2—荧光灯 3—玻璃板 4—标准平尺 5—工件

综合训练 90°角尺的研磨

一、训练目标

1. 正确选用和配制研磨剂。
2. 掌握平面研磨的方法。
3. 保证90°角尺的研磨精度。

二、工件图样

90°角尺（见图6-12）是测量工件垂直度的一种量具。90°角尺需要研磨4个面，其中A面和C面、B面和D面的垂直度误差小于0.05 mm。A面和B面、C面和D面的平行度误差小于0.02 mm。C面的平面度和直线度误差要求小于3 μm，A面的平面度误差要求小于5 μm。

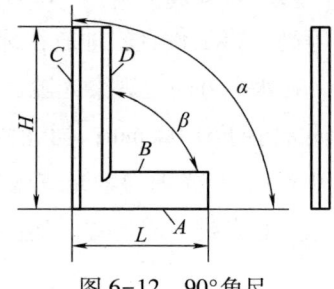

图6-12　90°角尺

三、研磨步骤

1. 研磨A面

如图6-13所示研磨A面。

（1）用双手捏住90°角尺的两侧面，平稳地推动90°角尺做纵向和横向移动进行研磨。

（2）研磨过程中用力要均匀，压力要适中，研磨量要均匀。

（3）要随时观察和检查研磨效果，直线度用刀口形直角尺以光隙判别法检验；垂直度用标准90°角尺配合标准平尺检验。

2. 研磨B面

如图6-14所示研磨B面。

图6-13　研磨A面

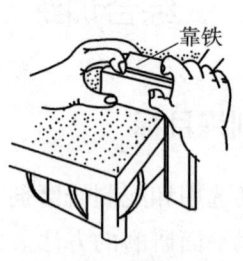
图6-14　研磨B面

(1) 用靠铁靠住工件侧面进行研磨。

(2) 涂敷研磨剂的方向与工件研磨方向成一定的角度，使工件的研痕得到改变。

(3) 用皮革盖住工件两侧面，将工件夹在平口钳上，手握研具做直线往复运动进行修整，进一步降低表面粗糙度。

3. 研磨 C 面

如图 6-15 所示研磨 C 面。

(1) 用手捏住工件做横向摆动和纵向移动，将 C 面由尖刃状研磨成 $R \leq 0.2$ mm 的圆弧面。随时检验，防止研磨过量。

(2) 检验时，将 A 面靠紧在高精度角铁的垂直面上，用 C 形夹头固定，再用百分表测出 C 面两端的误差值。

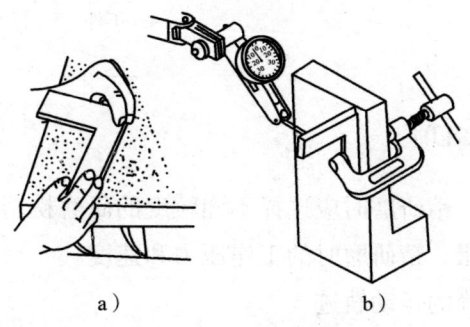

图 6-15　研磨 C 面
a) 研磨　b) 检验

4. 研磨 D 面

如图 6-16 所示研磨 D 面。

(1) 用纯铜皮做夹套保护 B 面，防止其被碰撞和划伤。

(2) 用手捏住工件做横向摆动和纵向移动。

5. 检验

如图 6-17 所示检验 C 面垂直度。

（1）将精度高于被检工件的检验尺和标准平尺擦拭干净，放到灯箱光源中心部位。

（2）将工件与测量工具靠紧，通过观察工件两直角边与测量工具接触处的光隙来判断其精确度。

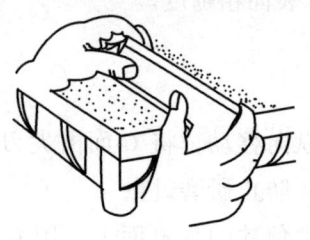

图 6-16　研磨 D 面

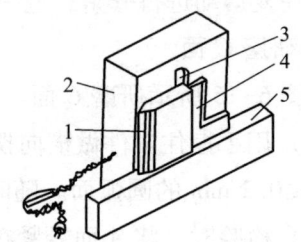

图 6-17　检验 C 面垂直度
1—检验尺　2—灯箱　3—荧光灯
4—工件　5—标准平尺

四、注意事项

1. 注意粗、精研磨时应选择不同粒度的研磨粉。
2. 控制好粗、精研磨时的工作压力和速度。
3. 选择正确的运动轨迹。
4. 进行质量检验时应注意自然光的走向，标准平尺的精度应高于刀口形直角尺。

第 7 单元 装配

模块 1 装配基础知识

装配工作是产品制造过程中的最后一道工序。装配工作完成得好坏对产品质量起着决定性作用。如果在装配过程中不按技术要求工作，会导致机器装配质量差、精度低、功耗大，进而影响机器的正常工作，影响使用寿命，还可能会造成重大损失。因此，装配是一项十分重要的工作，必须按技术要求严格进行。

一、装配工艺过程

按技术要求将若干零件结合成部件，或将若干零件（部件）与部件结合成机器的过程称为装配。装配工艺包括 4 个过程。

1. 装配前准备工作。

（1）熟悉装配图及其他技术文件，了解各零件之间的相互关系。

（2）确定装配方法、顺序和所需要的工具。

（3）对装配零件进行处理，去除毛刺、铁锈、切屑、油污。

（4）对有些零件还需要进行刮削等修配工作，对有特殊要求的零件还要进行平衡试验、密封性试验等。

2. 装配阶段。

（1）部件装配。部件装配指产品在进入总装之前的工作，凡是将两个或两个以上的零件结合成为机器一部分的装配称为部件装配。

（2）总装配。将零件和部件结合成一台完整产品的过程称为总装配。

3. 调整、精度检验和试车阶段。

（1）调整。调整是指调整零件或机构的相对位置、配合间隙和结构松紧等，如轴承间隙、齿轮的相对位置、丝杠间隙等的调整。

（2）精度检验。精度检验包括几何精度检验和工作精度检验。例如，车床总装后，进行主轴中心线与床身导轨平行度的检验；在车床上进行车圆柱表面和端面的检验。

（3）试车。试车是指试验机器运转的灵活性、振动、工作升温、噪声、转数、功率等性能是否符合要求。

4. 涂漆、涂油、装箱。

二、装配方法

1. 互换装配法

互换装配法是指在装配时，零件不经修配、选择或调整就可达到装配精度的装配方法。这种方法对零件加工精度要求较高，适用于组成件数较少、精度要求不高或大批量生产。

2. 选配法

（1）直接选配法。直接选配法是指装配工人直接从一批零件中选择合适的零件进行装配，装配质量取决于工人的技术水平，不适用于节拍要求较严的大批量生产。

（2）分组装配法。分组装配法是指对零件进行逐一测量后，将产品各配合副的零件按实测尺寸分成若干组，然后按组进行互换装配。此方法常用于批量生产，装配精度高、配合件的组成少，又不便于采用调整装配法的情况。

（3）调整装配法。调整装配法是指在装配时用改变产品中可调整零件的相对位置或选用合适的调整件以达到装配精度的方法。

图 7-1 所示为固定调整装配法示例，采用垫片来调整轴向配合间隙。图 7-2 所示为可动调整装配法示例，图 7-2a 所示为通过调节套筒的轴向位置来保证它与齿轮轴向间隙的要求；图 7-2b 所示为用调节螺钉调节镶条的位置来保证导轨副的配合间

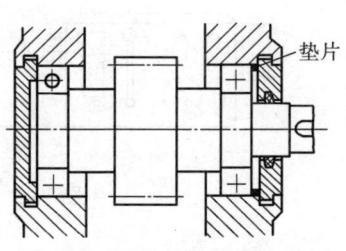

图 7-1 固定调整装配法示例

隙；图 7-2c 所示为用调节螺钉使楔块上下移动来调节丝杠和螺母间的轴向间隙。

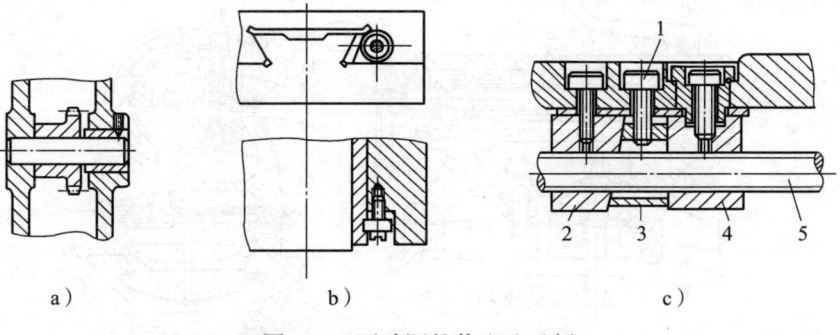

图 7-2 可动调整装配法示例
a）调节套筒　b）调节螺钉 1　c）调节螺钉 2
1—调节螺钉　2、4—螺母　3—楔块　5—丝杠

（4）修配装配法。修配装配法是指在装配时修去指定零件上预留的修配量，以达到装配精度的方法。此方法使工作复杂化，装配时间增加，适用于在单件、小批量或成批生产中精度要求较高的产品中采用，如图 7-3 所示。

为使相配零件能达到配合精度，在装配中，应具体问题具体分析，不同产品应合理选用不同的装配方法，以使产品达到最佳的工作状态。

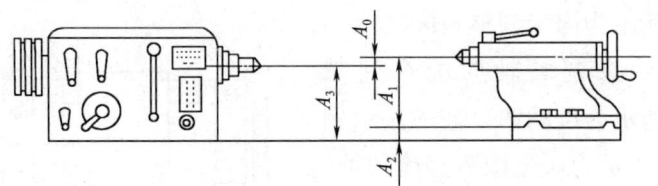

图 7-3 修配装配法示例

三、装配实例

装配 CA6140 型车床尾座,其装配图如图 7-4 所示。

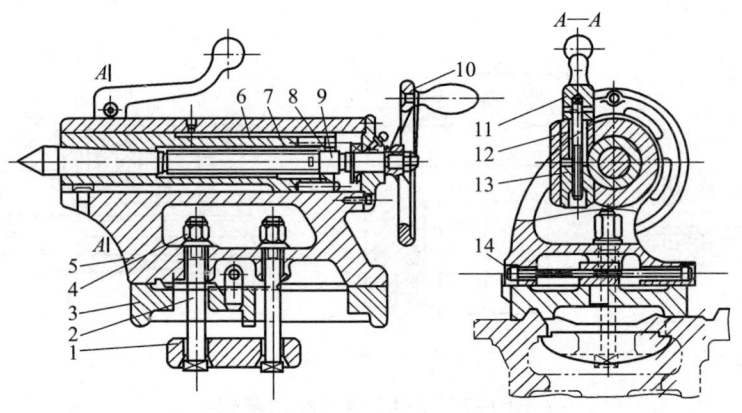

图 7-4 车床尾座装配图

1—压板 2—紧固螺栓 3—尾座垫板 4—紧固螺母 5—尾座体 6—尾座套筒
7—丝杠螺母 8—螺母压盖 9—丝杠 10—手轮 11—压紧块手柄
12—上压紧块 13—下压紧块 14—调整螺栓

1. 准备工作

(1) 根据装配图,分析各零件之间的装配关系和工作原理。

车床尾座采用两个全剖视图表达,由 14 种以上零件构成。尾座体 5 与尾座垫板 3 相配合,紧固螺栓 2 和紧固螺母 4 将尾座体 5 与压板 1 连接在车床导轨上。尾座套筒 6、丝杠螺母 7 与螺母压盖 8 相连。转动手轮 10 带动丝杠 9 旋转,使丝杠螺母 7 做轴向移动,尾座套筒 6 随之移动。旋转压紧块手柄 11，通过螺旋传动带动下压紧块 13 上移，压紧块曲面与套筒外圆柱面接触压紧，从而将套筒锁紧。

（2）根据生产性质和装配特点确定合适的装配方法。

若为批量生产，可选用分组装配法，将丝杠与螺母、尾座套筒与套筒孔等试配分组。

（3）准备工具。装备好台虎钳、锉刀、刮刀、活扳手、内六角扳手、锤子、旋具等装配工具以及磁性表座、百分表、顶尖、检验棒等检测工具和量具。

2. 装配步骤

（1）尾座套筒经过加工后，键槽和油槽两侧产生毛刺和翻边。这时可将套筒夹在台虎钳上，用锉刀倒角，不要划伤套筒外表面，然后用手检查外圆表面有无隆起或凹坑。套筒两端面的孔也可用油石做倒角处理，清洗干净后待用。

（2）将套筒装入尾座套筒内，套筒与尾座体配合要良好，以手能推入为宜。

（3）安装螺母压盖。

（4）在丝杠右侧安装轴承和尾座体端盖。

（5）将丝杠旋入套筒内。

（6）将尾座体端盖与尾座体连接。

（7）安装手轮，拧紧螺母。

（8）注入润滑油，转动手柄，感觉要轻快自如。

（9）锁紧机构中有一对压紧块，它与套筒有一段抛物线状接触面，采用涂色法，并使用锉刀或刮刀修整，使其接触面积达到 70% 以上。

（10）将压紧块装入尾座体，旋入压紧块手柄。

3. 调整、检验

尾座体与尾座垫板接触要良好。先将尾座体接触面在刮研平板上刮出,并以此为基准刮研尾座垫板。刮研尾座体底面时,要经常测量套筒孔中心线与底面的平行度误差,不断调整,以满足装配技术要求。尾座本身的误差和尾座对主轴中心线的误差要通过修刮垫板底部与床身接触面来控制。装配完成后,必须对以上两种误差进行检验。

模块 2　螺纹连接的装配

螺纹连接是一种可拆卸的固定连接,它具有结构简单、连接可靠、装拆方便、成本低廉等优点,因此,在机械制造中被广泛应用。

一、螺纹连接装配的技术要求

1. 保证有足够的拧紧力矩

为达到连接可靠和紧固的目的,装配时螺纹牙间要有一定的摩擦力矩,所以螺纹装配时应有一定的拧紧力矩,从而使螺纹牙间产生足够的预紧力。预紧力的大小可从工艺文件中查出,可使用指针式测力扳手(见图7-5)和电动扳手等专用工具进行测量。

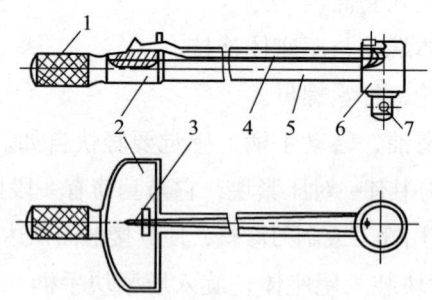

图 7-5　指针式测力扳手

1—手柄　2—刻度盘　3—指针尖　4—长指针　5—弹性板手柄　6—柱体　7—钢球

2. 有可靠的防松装置

为防止在冲击载荷作用下螺纹出现松动现象，可采用如图7-6所示的防松装置。

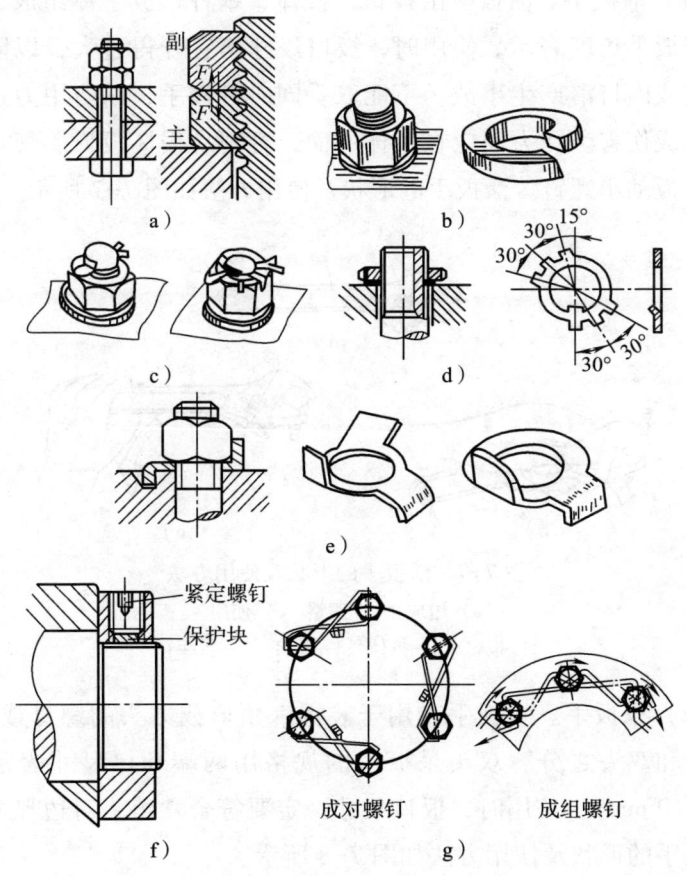

图7-6 防松装置示例

a）双螺母锁紧防松 b）弹簧垫圈防松 c）开口销与带槽螺母防松
d）止动垫圈防松 e）带耳止动垫圈防松 f）紧定螺钉防松 g）串联钢丝防松

二、螺纹连接装配装拆工具

1. 扳手

（1）活扳手。活扳手由扳口、扳体、蜗杆、扳手体组成，它的规格用扳手长度表示。使用时，扳口尺寸不宜开得过大，以防扳坏六角头或因打滑产生事故。不能双手同时握扳手，以防用力过猛滑出而造成伤害。受力面应在扳体一面，否则易损坏扳口。禁止用大活扳手扳动小螺钉。活扳手的形状及使用方法如图7-7所示。

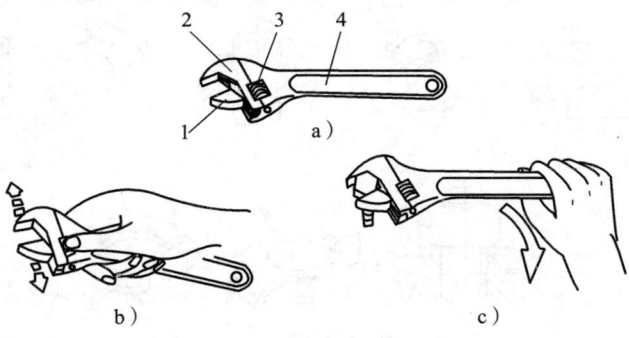

图7-7 活扳手的形状及使用方法
a）组成 b）调整 c）使用
1—扳口 2—扳体 3—蜗杆 4—扳手体

（2）呆扳手。呆扳手专用于装拆六角形或方头的螺母或螺钉，有单头和双头之分。双头呆扳手的规格用两端开口尺寸表示（如8 mm×10 mm）。使用时，扳口尺寸一定要符合六角头对边尺寸。双头呆扳手的形状及使用方法如图7-8所示。

（3）梅花扳手。梅花扳手内孔为12边形，只要转过30°就能调换方向，适用于工作空间狭窄且不能容纳普通扳手的场合。

（4）成套套筒扳手。成套套筒扳手由一套尺寸不等的梅花套筒和弓形手柄组成，如图7-9所示，使用时，弓形手柄能连续转动，工作效率较高。

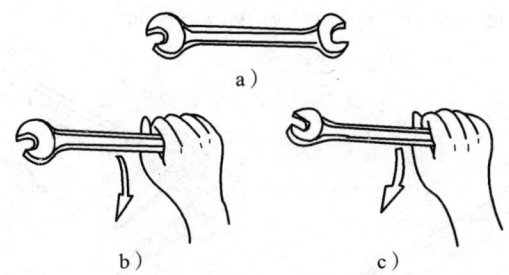

图 7-8 双头呆扳手的形状及使用方法
a)双头呆扳手 b)正确的使用方法 c)错误的使用方法

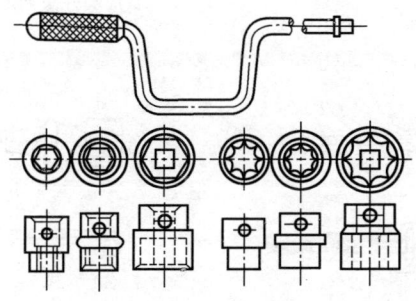

图 7-9 成套套筒扳手

(5)棘轮扳手。棘轮扳手是根据特殊需要而制造的一种特殊扳手,如图 7-10 所示。棘轮扳手的扳体内有棘轮装置,正转手柄时,扳紧螺母;反转手柄时,棘轮打滑,不会使螺母反转。旋松螺母时,可将扳体翻转使用。

(6)钩形锁紧扳手。钩形锁紧扳手专门用来锁紧各种结构的圆螺母,如图 7-11 所示。

(7)内六角扳手。内六角扳手用于装拆内六角螺钉。成套的内六角扳手可供装拆 M4~M30 的内六角螺母。

2. 螺钉旋具

螺钉旋具主要用来装拆头部开槽的螺钉,包括一字旋具、十字旋具、快速旋具和弯头旋具等，如图7-12所示。

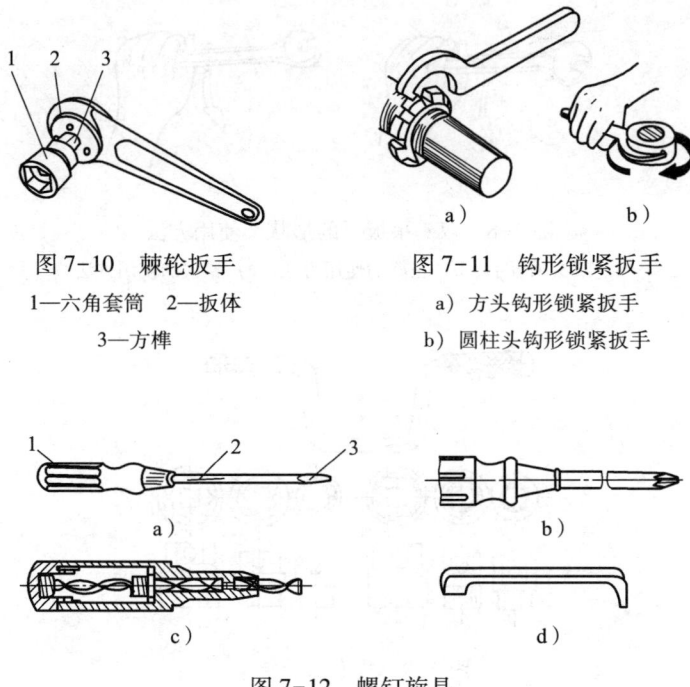

图7-10 棘轮扳手
1—六角套筒 2—扳体
3—方榫

图7-11 钩形锁紧扳手
a）方头钩形锁紧扳手
b）圆柱头钩形锁紧扳手

图7-12 螺钉旋具
a）一字旋具 b）十字旋具 c）快速旋具 d）弯头旋具
1—手柄 2—刀体 3—刀口

三、螺纹连接件的装配实例

1. 双头螺柱的装配

（1）装配要求。

1）双头螺柱与机体螺纹的连接必须紧固，在装拆螺母过程中，螺柱不能有松动现象，否则容易损坏螺孔。

2）双头螺柱的轴线必须与机体表面垂直，通常用90°角尺检查或目测判断，图7-13所示为用90°角尺检查垂直度。当稍有偏差时，可用丝锥回攻来校正螺孔或通过锤击螺柱校正；偏差较大时，不得强行校正，以免影响连接的可靠性。

3) 装入双头螺柱时必须加润滑油，以免拧入时产生螺纹拉毛现象，同时可以防锈，为以后拆卸更换时提供方便。

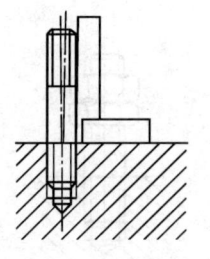

图 7-13　用 90°角尺检查垂直度

(2) 双头螺柱的装拆方法如图 7-14 所示。

图 7-14a 所示为双螺母装拆法。先将两个螺母相互锁紧在双头螺柱上，装配时扳动上螺母即能拧紧螺柱；拆卸时反向扳动下螺母即能拧松螺柱。

图 7-14b 所示为长螺母装拆法。使用时先将长螺母旋在双头螺柱上，然后拧紧顶端的止动螺钉，装拆时只要扳动长螺母，即可使双头螺柱松紧。装拆完后应先将止动螺钉旋松，然后再旋出长螺母。

图 7-14c 所示为用带有偏心盘的旋紧套筒装拆双头螺柱。偏心盘的圆周上有滚花，当套筒套入双头螺柱时，依拧紧方向转动手柄，偏心盘即可楔紧双头螺柱的外圆，将它旋入螺孔中。回松时，将手柄反转，偏心盘即自行松开，套筒就可方便地取出。

2. 螺钉和螺母的装配要求

(1) 螺钉或螺母与被连接件接触的表面要光洁、平整，否则会影响连接的可靠性。

(2) 拧紧成组的螺母或螺钉时要按一定的顺序进行，并做到分几次逐步拧紧，否则会使被连接件产生松紧不均匀和不规则的变形。例如，拧紧按长方形分布的成组螺母时，应从中间的螺母开始，依次向两边对称地扩展；在拧紧按正方形分布的成组螺母时，必须对称地进行。成组螺钉、螺母的拧紧顺序如图 7-15 所示。

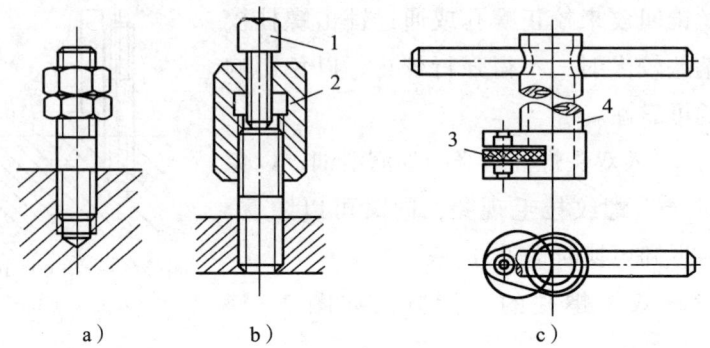

图 7-14 双头螺柱的装拆方法
a) 双螺母装拆法 b) 长螺母装拆法 c) 用偏心盘旋紧套筒装拆法
1—螺钉 2—长螺母 3—偏心盘 4—套筒

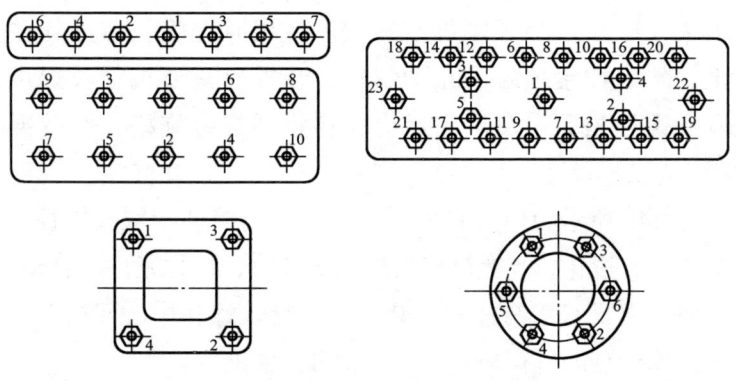

图 7-15 成组螺钉、螺母的拧紧顺序

（3）当用螺钉固定时，所装零件或部件上的螺栓孔与机体上的螺孔不相重合，有时孔距有误差或角度有误差。当误差不太大时，可用丝锥回攻借正，不得将螺钉强行拧入，否则将损坏螺钉或螺孔，影响装配质量。用丝锥回攻时，应先拧紧两个或两个以上螺钉，使所装配的零件或部件不会偏移。若装配时有精度要求，则应进行测量，达到要求后再用丝锥依次回攻螺孔。如果误差较大无法用丝锥回攻时,若零件允许修整,则可将零件或部件在铣床上用立铣刀将螺栓孔铣成腰形孔,但事先必须做好距离和方向的标记,以免铣错。

模块3 键连接的装配

键用来连接轴和轴上的零件,起到固定和传递转矩的作用。常见的键连接有平键连接、楔键连接和半圆键连接等。键连接具有结构简单、工作可靠、拆卸方便等优点。

一、技术要求

1. 保证键与键槽的配合要求。键与轴槽和轮毂的配合性质一般取决于机构的工作要求,键宽的配合公差带可根据工作要求从机械手册中选取。

2. 键与键槽应具有较低的表面粗糙度参数。

二、装拆方法

松键连接装配时,键装入轴槽中后要求键与槽底紧贴,键长方向与轴槽有 0.1 mm 的间隙。因此,装配时应用锉刀锉配键长,以保证要求。在配合面上加机油,用铜棒或台虎钳(钳口应加软钳口)将键压装在轴槽中,并使其与槽底接触良好。

装入钩头楔键时需用铜棒和锤子敲入,拆卸时可使用拉卸工具,如图 7-16 所示。

三、装配实例

1. 平键连接件的装配

(1) 平键连接形式。平键结构简单,制造和装配都很方便,所

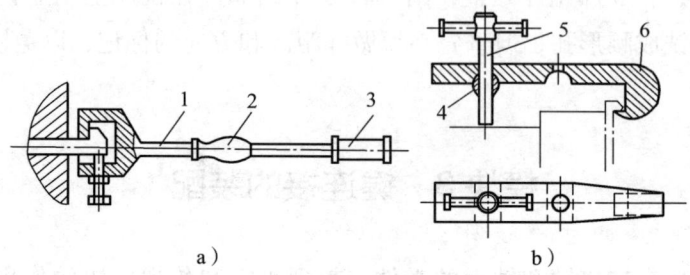

图 7-16 拉卸工具
a）冲击式 b）抵拉式
1—杆 2—作用力圈 3—受力圈 4—圆柱形螺母 5—螺杆 6—本体

以应用较为普遍。工作时靠键的两侧面传递转矩。装配时要求键的两侧面与键槽为间隙配合或过渡配合，键的底面应与槽底接触，顶面与槽有较大的间隙。

（2）平键的类型及应用。

1）导向平键。如图 7-17 所示，导向平键用螺钉固定在轴上，并设有起键螺钉孔。一般用于轴上零件需轴向移动且转矩较小的场合，键与键槽的配合按较松连接，如变速箱中的滑移齿轮。

2）普通平键。如图 7-18 所示，普通平键对中性好，装拆方便，应用广泛，适用于高转速及精密连接，键与键槽的配合按一般连接或较紧连接划分。

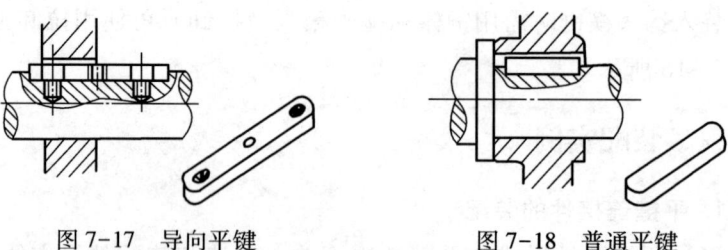

图 7-17 导向平键　　　图 7-18 普通平键

(3) 平键连接的装配步骤和方法。

1) 去除键槽的锐边，使键容易装入。

2) 试装轴和轴上的配件。先不装入平键，主要检查轴和孔的配合状况，避免装配时轴与孔配合过紧。

3) 修配平键与键槽宽度的配合精度。要求配合稍紧，不得有较大间隙。若配合过紧，则将键侧面稍做修整。

4) 修锉平键的半圆头。保证平键的半圆头与轴上键槽间留有 0.1 mm 左右的间隙。

5) 将平键安装于轴的键槽中。在配合面上应加机油，用台虎钳夹紧（钳口需垫铜片）或用铜棒敲击，将平键装入轴的键槽内，并使其与槽底接触。

6) 安装相配件。键顶面与配件槽底面应留有 0.3~0.5 mm 的间隙，若侧面配合过紧，则应拆下配件，根据键槽上的印痕修锉配件键槽两侧面，使之能正常装入，但不允许产生松动，以避免传递动力时产生冲击和振动。

2. 半圆键连接件的装配

半圆键如图 7-19 所示，工作时靠键的两侧面传递转矩，在轴槽中能绕槽底曲率中心摆动，装配方便。轴槽较深，对轴的强度影响较大，一般用于轴端的锥形轴颈。键与键槽的配合按一般连接或较紧连接划分。

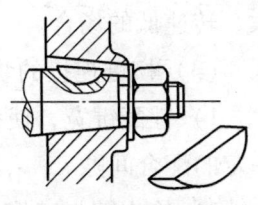

图 7-19 半圆键

3. 楔键连接件的装配

(1) 楔键连接形式。楔键的形状与平键相似，但顶面有 1：100 的斜度，与配件的槽底面相接触，键侧面与键槽有一定间隙。装配时，将键敲入而成紧键连接，用以传递转矩和承受单向轴向力。

(2) 楔键的类型及应用。

1) 普通楔键。如图 7-20 所示，键的上下两面是工作表面，工作时靠键的楔紧作用传递转矩，能轴向固定零件和传递单方向的轴向力；对中性差，应用于精度要求不高、转速较低、转矩较大、有振动的场合。

2）钩头楔键。其结构性能与普通楔键相似，只是在大头一端带有钩头，供拆卸使用，如图 7-21 所示。

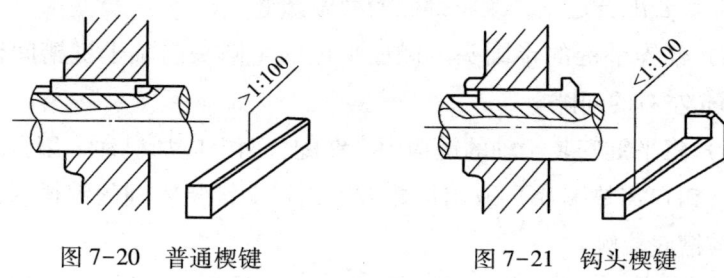

图 7-20　普通楔键　　　　　图 7-21　钩头楔键

3）切向楔键。如图 7-22 所示，键的上下两面是工作表面，由两个楔键组成；对中性差，一个切向楔键只能传递一个方向的转矩，传递双向转矩时应按 120° 分布两个切向楔键；应用于轴径大、载荷大、转速低的场合。

（3）楔键连接的装配步骤和方法。

1）锉配键宽，使键与键槽之间保持一定的配合间隙。

2）检查键与键槽的配合。首先将轴上配件的键槽与孔上键槽对正，在楔键的斜面上涂色后敲入键槽内，根据接触

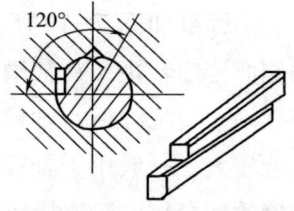

图 7-22　切向楔键

斑点来判断斜度配合是否良好。之后用锉刀或刮削法修整，使键与键槽的上下接合面紧密贴合。

3）装配楔键。清洗楔键和键槽，将楔键涂油后敲入键槽中。

模块 4　销连接的装配

销连接在机械中除了起连接作用外，还可起定位和保险作用。销连接分圆柱销连接和圆锥销连接两类。装配时要求销与销孔必须达到准确的配合，以保证被连接零件的可靠性，并具有正确的相对位置。

一、销的特点和应用

销的结构特点如图 7-23 所示。

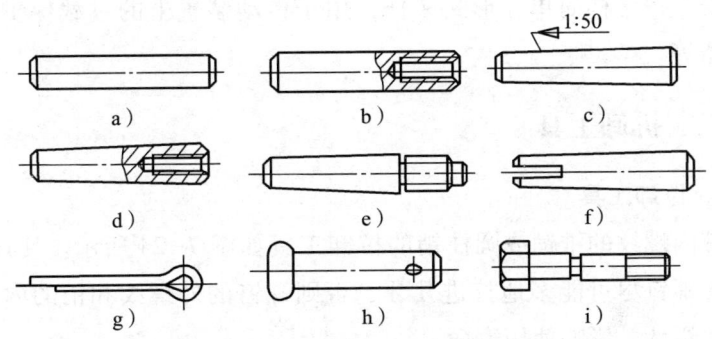

图 7-23　销的结构特点
a）圆柱销　b）内螺纹圆柱销　c）圆锥销　d）内螺纹圆锥销
e）螺尾圆锥销　f）开尾圆锥销　g）开口销　h）销轴　i）安全销

1. 圆柱销

普通圆柱销主要用于定位，也可用于连接。内螺纹圆柱销适用于不通孔，内螺纹供拆卸用。销孔需配铰，多次装拆会降低定位精度和连接的可靠性。

2. 圆锥销

圆锥销应用场合不同锥度不同，其中 1∶50 的锥度，便于安装，定位精度比圆柱销高，受径向力时能自锁，内螺纹供拆卸用。开尾圆锥销打入销孔后，末端应稍张开以防松脱，用于有冲击振动的场合；普通圆锥销主要用于定位，也可用于经常拆卸的场合；内螺纹圆锥销和螺尾圆锥销应用于拆卸不方便的场合。

3. 开口销
开口销用于锁定其他紧固件。

4. 销轴
销轴常用开口销锁定，锁定后不易脱落，装配方便。

5. 安全销
安全销结构简单，形式多样，用于传动装置上的过载保护，如联轴器等。

二、拆卸工具

1. 拉卸工具
带内螺纹的锥销或圆柱销的拉卸工具如图 7-24 所示。使用时，将双头螺钉尽可能多地拧进几牙，否则螺钉的外螺纹和销的内螺纹会产生烂牙，影响使用寿命。

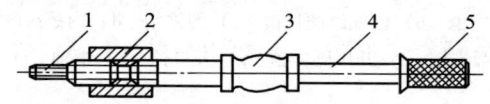

图 7-24 拉卸工具
1—双头螺钉 2—固定套 3—作用力圈 4—杆 5—受力圈

2. 冲头
拆卸锥销时，应将冲头（见图 7-25）对准锥销直径较小的一端，用锤子敲击冲头，冲出锥销。

三、装配实例

1. 圆柱销的装配

圆柱销连接都具有一定的过盈量，故一经拆卸会失去过盈量，就必须调换新的销。这种连接一般不宜多次装拆，否则会降低配合精度。为了保证销和销孔间有一定的过盈量，要求销和销孔的表面粗糙度较低；一般为 $Ra1.6 \sim 0.4\ \mu m$。装配时，为了保证被连接的两个零件销孔的同轴度和表面粗糙度的要求，应使两个连接件的销孔同时钻出并铰出。当起定位作用时，必须将两个零件的相对位置经过精确调整并固定后，才能进行钻孔和铰孔。

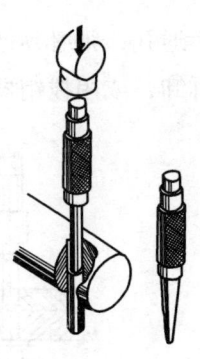

图 7-25　冲头

装配时，应在销表面涂上润滑油，用铜棒将销敲入孔中，或将铜棒垫在销端面上，用锤子敲入。对于装配精度要求高的定位销，不可用锤子或铜棒敲入，可采用 C 形夹头把销压入孔中，如图 7-26 所示。

2. 圆锥销的装配

圆锥销的优点是装拆方便，定位精确，并且可以多次装拆而不影响其定位精度，故主要用于零件的定位。标准圆锥销具有 1∶50 的锥度，其规格以小端直径和长度表示。装配时，两个被连接件的销孔必须同时钻出并铰出。钻孔时，必须按圆锥销的小端直径选用钻头。铰孔时，必须控制铰孔深度，当用手将销推入销孔试装时，必须做好锥销和销孔表面的清洁工作。销插入销孔的深度应以占销子长度的 80%～85% 为宜。当用铜棒敲入后，应保证销的倒角部分露在所连接零件的平面外。

拆卸圆柱销或圆锥销时，若销孔为通孔，则用一个直径略小于销孔的冲头或金属棒在销的底端顶住，用锤子将其敲出。若销孔为不通孔,则必须使用带内螺纹或螺尾的销,以便用螺钉或螺母进行拆卸,或用拔销器将销拔出,其示意图如图 7-27 所示。

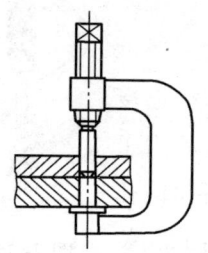

图 7-26　用 C 形夹头压入圆柱销

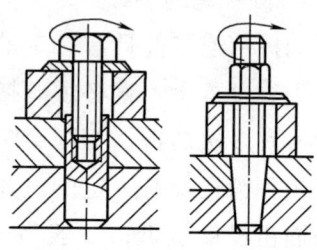

图 7-27　销拆卸示意图

模块 5　滑动轴承的装配

滑动轴承具有承载力大、工作平稳、振动小、无噪声等优点,但摩擦力大,宜发热,甚至发生抱轴现象,维护及修理较复杂,所以滑动轴承不如滚动轴承应用广泛。

一、装配时应达到的技术要求

1. 轴与轴承配合表面的接触精度应达到规定标准。
2. 配合间隙符合要求,在工作条件下不致发热而烧坏轴承。
3. 润滑油通道的位置要正确、畅通,保证能充分润滑。

二、装配实例

1. 整体式轴套的装配

整体式滑动轴承俗称轴套,是滑动轴承中最简单的一种形式,主要采用后入法装配,特殊场合采用热装法。

(1) 压入轴套。压入轴套的方法如图 7-28 所示,当过盈量都较小时，可在轴套2上垫以衬垫1，用锤子直接将其敲入（见图7-28a）。为了防止敲入时轴套产生歪斜，可采用导向套（见图7-28b）控制轴套压入方向。压紧薄壁套时，可采用心轴4导向（见图7-28c）。当尺寸或过盈量较大时，则需使用压力机或拉紧工具把轴套压入。

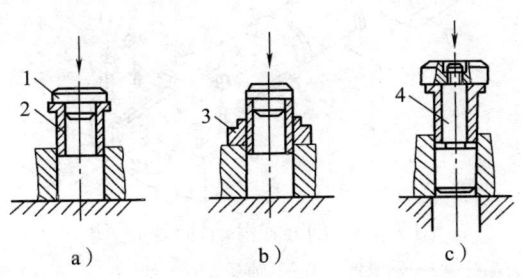

图7-28 压入轴套的方法
a）直接敲入 b）导向套控制方向 c）心轴导向
1—衬垫 2—轴套 3—导向套 4—心轴

压入轴承时必须去除毛刺，擦洗干净后在配合面上涂好润滑油。对于不带凸肩的轴套，当压入机座后要与机座孔端面平齐。有油孔的轴套要对准机座上的油孔，可在轴套表面通过油孔中心划一条线，压入时对准箱体油孔。

（2）轴套的定位。压入轴套后，对负荷较大的轴套还需用紧定螺钉或定位销等固定。

（3）修整轴套孔。轴承压入后，其内孔往往发生变形（如尺寸变小、圆度和圆柱度误差增大），此时可用内径千分表进行检验。根据变形量的大小，采用铰孔或刮削的方法进行修整，使轴套和轴颈之间的间隙及接触点达到规定的要求。

2. 剖分式滑动轴承的装配

剖分式滑动轴承的结构如图7-29所示，由轴承座3、上轴瓦6、下轴瓦4、轴承盖7、双头螺柱2、螺母1和调整垫片5组成。改变调整垫片的厚度即可调整轴瓦与轴之间的间隙。当轴瓦磨损后,可按磨损程度来减薄调整垫片的厚度,使轴瓦与轴保持合适的间隙。

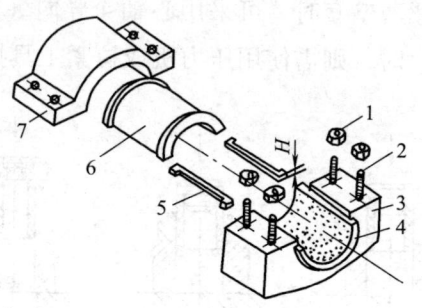

图 7-29 剖分式滑动轴承的结构
1—螺母 2—双头螺柱 3—轴承座 4—下轴瓦 5—调整垫片 6—上轴瓦 7—轴承盖

装配时,要求轴瓦背部与轴承孔接触紧密。对于厚壁轴瓦,可用涂色法检验其贴合情况,并进行刮研,刮研时应以座孔为基准修刮轴瓦背部。对于薄壁轴瓦则不能进行修刮,需进行选配,要求轴瓦在自由状态下外径稍大于座孔直径,使其有一定的扩张量。薄壁轴瓦装入座孔后,其剖分面应比轴承座平面高出 0.05~0.1 mm,以便达到配合的紧密性,其配合要求如图 7-30 所示。轴瓦的装配方法如图 7-31 所示,用木块垫在轴瓦的剖分面上,注意与轴承座两侧对称,然后用木锤击打木块,使轴瓦装入轴承座孔中。轴瓦的配刮须分粗刮、精刮两步进行。粗刮时,可准备一根比真轴轴径小 0.03~0.05 mm 的工艺轴进行研点,装上真轴研点后进行精刮。精刮时,在每次装好轴承盖后稍稍拧紧螺母,用木锤在轴承盖的顶部均匀地敲击几下,使轴承盖更好地定位,然后紧固所有螺母,拧紧力矩大小应一致。精刮后,轴在轴瓦中应能轻轻地转动且无明显间隙,接触点符合要求后即可将轴瓦拆下,经过清洗后重新装入。

座孔中的轴瓦无论在圆周方向或轴向都不允许有位移,故常用定位销和轴瓦上的凸台来定位,如图 7-32 所示。

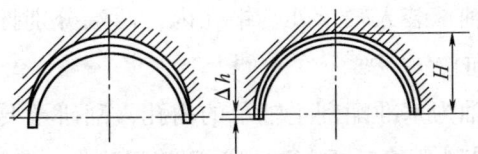

图 7-30　薄壁轴瓦的配合要求

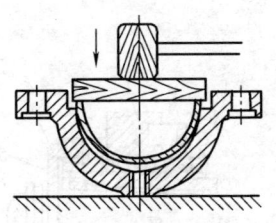 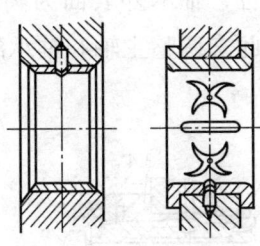

图 7-31　轴瓦的装配方法　　　图 7-32　轴瓦的定位

3. 锥形表面滑动轴承的装配

锥形表面滑动轴承有内柱外锥式和外柱内锥式两种结构。这类轴承是利用轴承中的锥形面来调整间隙的，因此，常用于对轴承间隙要求较高的场合。

内柱外锥式滑动轴承如图 7-33 所示，由主轴承 5、轴承外套 3 和螺母等组成。主轴承 5 上对称地开有 4～6 条狭槽，其中只有一条开穿，并嵌入弹性柚木，在轴承孔径磨损较多时可以调整。当旋松右端螺母 4，再拧紧左端螺母 1 时，主轴承 5 就向左移动，使内孔直径收缩，主轴与轴承的配合间隙减小；反之，就使间隙增大，由此可达到调整轴承间隙的目的。内柱外锥式滑动轴承的装配过程如下。

（1）将装配件清洗干净后，把轴承外套压入箱体的孔内。

（2）用专用心轴研点，修刮轴承外套的内锥孔，并保证前后轴承的同轴度要求。

（3）以轴承外套的内锥孔为基准，研点配刮主轴承外锥面。

（4）将主轴承装入轴承外套锥孔内，两端分别拧入螺母，并调整主轴承的轴向位置。

（5）以主轴为基准配刮主轴承的内孔，刮研至要求后卸下主轴和轴承，将其清洗干净后重新装入并调整间隙。

外柱内锥式滑动轴承如图7-34所示，这种轴承的内孔与主轴圆锥面相配合，轴承外表面为圆柱面，通过前后螺母调节轴承的轴向位置，以此来调整主轴和轴承的间隙。

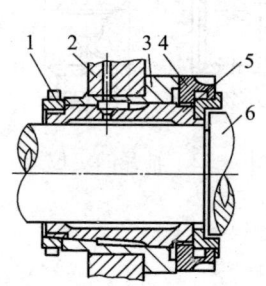
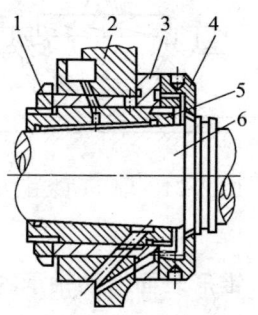

图7-33 内柱外锥式滑动轴承　　　　　图7-34 外柱内锥式滑动轴承
　1、4—螺母　2—箱体　　　　　　　　1、4—螺母　2—箱体
3—轴承外套　5—主轴承　6—主轴　　3—轴承外套　5—主轴承　6—主轴

外柱内锥式轴承与内柱外锥式轴承的装配过程大致相同。其不同之处是只需研刮内锥孔，将轴承装入箱体后，直接以主轴为基准研点配刮轴承内锥孔至要求的接触点，清洗干净后重新装入并调整间隙。

模块6　滚动轴承的装配

滚动轴承是用来支撑轴的标准部件，它可以大大减小轴与孔相对旋转时的摩擦力，且具有机械效率高、结构紧凑等优点，因此应用极为广泛。

一、滚动轴承的标记

滚动轴承的标记由 3 部分组成，即类型代号、尺寸系列代号和内径代号，例如，"滚动轴承 6204"：

6——类型代号，表示深沟球轴承；

2——尺寸系列代号"02"，其中"0"为宽度系列代号，按规定省略不写，"2"为直径系列代号，故两者组合时写成"2"；

04——内径代号，表示该轴承内径为 04×5＝20 mm，即公称内径为 20 mm。当内径小于 20 mm 时，内径代号另有规定，可查阅手册。

轴承代号中的类型代号、尺寸系列代号的含义根据标准编号查得。

二、滚动轴承的装配要求

保证轴承与轴颈和轴承座孔的正确配合，其径向和轴向间隙应符合要求，旋转要灵活，工作温度、温升值和噪声应符合要求。

三、拉卸工具

1. 螺杆式拉卸工具

如图 7-35 所示，拉卸较小的滚动轴承可采用两爪式和铰链式两种拉卸工具；拉卸较大的带轮、齿轮、联轴器等可采用三爪式拉卸工具。

2. 液压式拉卸工具

如图 7-36 所示，液压式拉卸工具有脚踏式和手掀式，拉卸时平稳、效率高，作用力能放大至 15~60 倍。

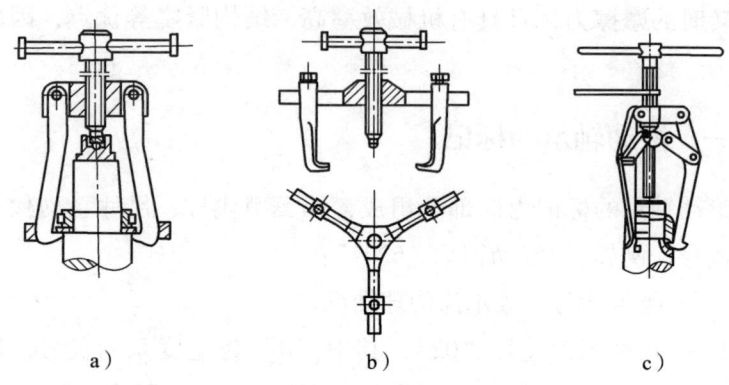

图 7-35 螺杆式拉卸工具
a）两爪式　b）三爪式　c）铰链式

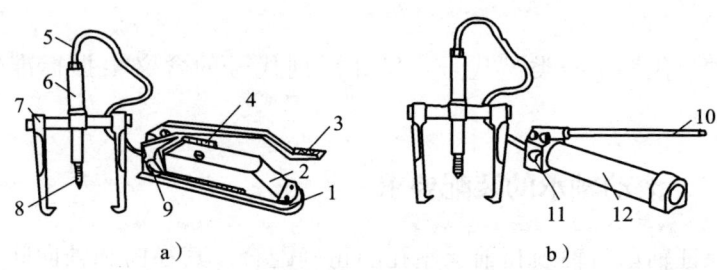

图 7-36 液压式拉卸工具
a）脚踏式　b）手掀式
1—底架　2、12—油箱　3—升压脚踏　4—降压脚踏　5—高压软管
6—液压缸　7—拉弓　8—顶杆　9—泵体　10—手掀杆　11—减压阀

四、装配实例

1. 深沟球轴承的装配

深沟球轴承的内、外圈是不能分离的，所以装配时应注意不能使滚动体承受装配力，应按座圈配合松紧程度来确定其安装顺序。深沟球轴承的装配方法如下。

(1) 压入法。图 7-37 所示为压入法示意图。

1) 当内圈与轴颈配合较紧、外圈与壳体孔配合较松时，应先将轴承装在轴上（见图 7-37a）；反之，则先将轴承压入壳体中（见图 7-37b）。

2) 当轴承内圈与轴、外圈与壳体孔都是过盈配合时，应将轴承同时压入轴和壳体中（见图 7-37c）。

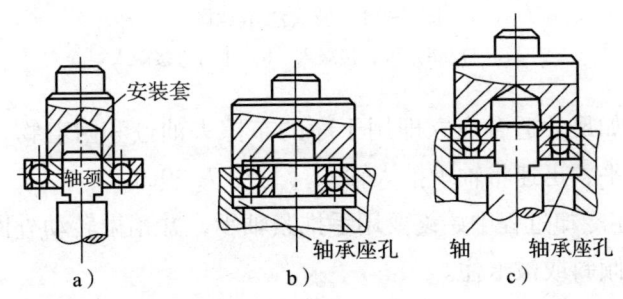

图 7-37　压入法示意图
a) 先装轴承　b) 压入壳体　c) 压入轴和壳体

3) 压入时须采用专用套筒。

(2) 敲入法。图 7-38 所示为敲入法示意图。

1) 在配合过盈量较小且无专用套筒时，可用锤子和圆钢棒逐步将轴承敲入（见图 7-38a、b、d）。

2) 圆棒不能用铜棒等软金属，因为容易使软金属屑落入轴承内。不可用锤子直接敲击轴承，以免对轴承造成损伤（见图 7-38c）。

3) 敲击时应在四周对称地交替轻敲，用力要均匀，避免因用力过大或集中于一点敲击而使轴承倾斜。

(3) 油加热法。图 7-39 所示为轴承在油池中加热的方法。

1) 将轴承浸在变压器油的油池内，也可在自动调温的电烘箱内加热，加热温度控制在 80~100 ℃，要防止过热。

2) 取出轴承后，用比轴颈尺寸大 0.05 mm 左右的测量棒测量轴

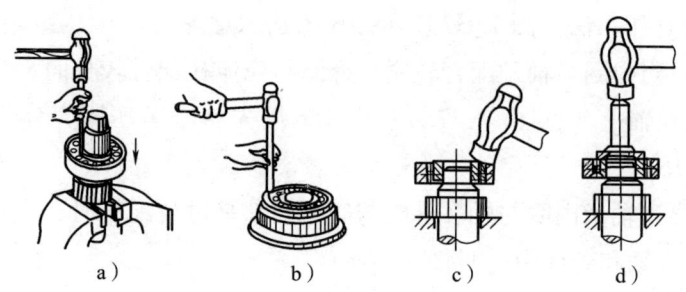

图 7-38 敲入法示意图

a)、c)、d) 可直接敲入　b) 不可直接敲入

承孔径,如尺寸适合应立即用干净的布擦去油迹和附着物,并用布垫托住端平,迅速将轴承推入轴颈(见图 7-39c)。

3) 在冷却过程中始终要用手推紧轴承,并稍微转动外圈,检查轴承是否倾斜或被卡住。

4) 轴承加热时,应搁置在距油池底部一定高度的网格上(见图 6-39a),避免因底部温度过高而使轴承局部过热,较小的轴承可用挂钩悬挂于油池中加热(见图 6-39b)。

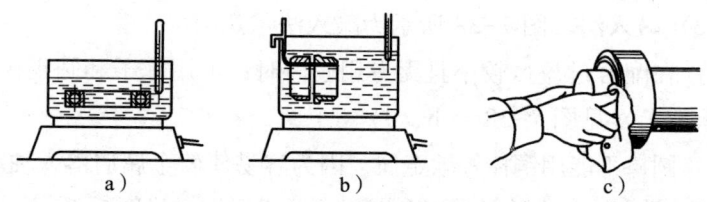

图 7-39　轴承在油池中加热的方法

a) 放置网格上加热　b) 悬挂加热　c) 推入轴颈

(4) 冷冻法。

1) 应在工业冰箱内将轴承或工件(轴)冷却,也可将其放入有盖的密封箱内,倒入干冰(固体二氧化碳)或液态二氧化碳,保留一段时间后取出装配。

2) 取出轴承时，应戴防冻伤的手套，取出后立即测量轴承外径的缩小量，待尺寸合适后迅速装配，应使轴承紧靠轴承座孔壁或轴肩。

3) 也可用二氧化碳气体对轴承或工件猛吹，使其迅速冷却后再装配或拆卸。

2. 圆锥滚子轴承的装配

圆锥滚子轴承的内外圈可以分离。装配时，可分别将内圈装到轴上，将外圈装入壳体内。当用敲击法装配时，要将轴承放正、放平，将以上两部分对准后，左右对称轻轻敲击，待内圈或外圈装入1/3以上时才可逐渐加大敲击力。

装配后轴承的间隙（见图7-40）可通过改变轴承内外圈的相对轴向位置来调整，其调整方法一般采用垫片调整法、螺钉调整法、螺母调整法，如图7-41所示。

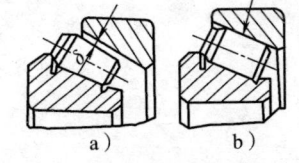

图7-40 圆锥滚子轴承的间隙
a) 有间隙 b) 无间隙

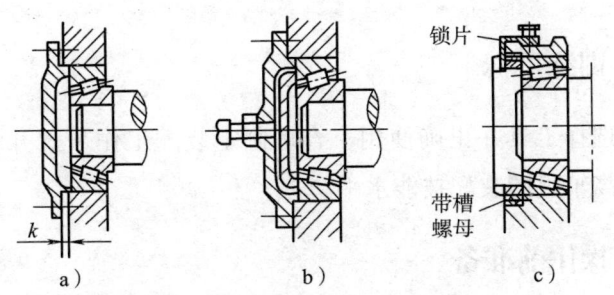

图7-41 圆锥滚子轴承间隙的调整方法
a) 垫片调整法 b) 螺钉调整法 c) 螺母调整法

3. 推力球轴承的装配

推力球轴承只承受轴向负荷，不能保证支撑轴的径向位置，起消除轴向窜动并减小端面摩擦的作用。装配时，要注意区分紧圈和松圈，紧圈的内孔比松圈小，且加工精度高，必须将紧圈与轴肩靠近，保证与轴一起旋转；松圈则紧靠在轴承座孔的端面上，图7-42所示为推力球轴承及其间隙的调整方法。如果装反，将使紧圈与轴或轴承座孔端产生剧烈摩擦，造成轴、轴承座孔端面和轴承迅速磨损。

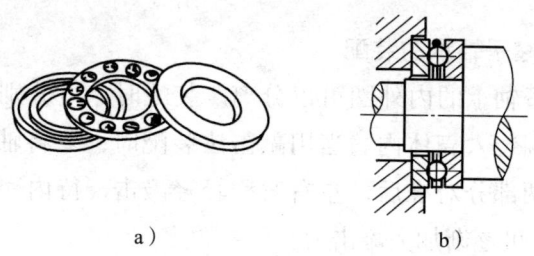

图7-42 推力球轴承及其间隙的调整方法
a）推力球轴承 b）间隙调整方法

综合训练　齿轮轴的装配

一、训练目标

合理选择工具并正确使用，合理制定装配工作步骤并实施，通过训练提高轴组的装配技能水平。

二、操作前准备

1. 常用工具和刃具

扳手（活扳手、梅花扳手、套筒扳手、呆扳手等），旋具（一字旋具和十字旋具），紫铜棒，4号、5号纹平锉，三角锉，锯弓，锯条，锤子，錾子，软钳口，锉刀刷，划针，划规，样冲，钢直尺，刮刀，丝锥，200 mm铰杠等。

2. 常用量具

千分表及表架、千分尺、圆柱规、内径量表、塞尺（0.02~0.5 mm）等。

3. 辅助材料

清洗液、机油、润滑脂、研磨剂、切削液等。

三、装配图

工件装配图如图7-43所示。

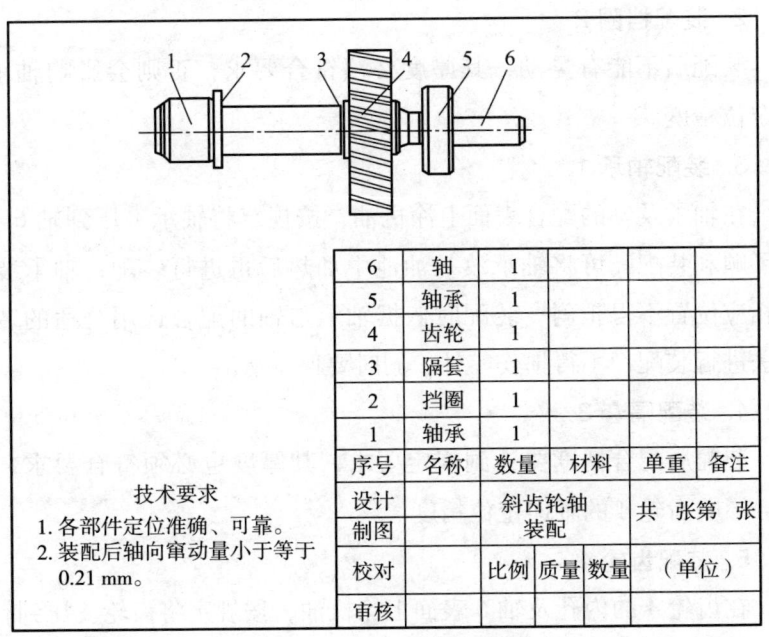

图7-43 工件装配图

四、装配步骤

1. 准备工作

（1）装配前零件的清理和清洗。装配前零件上的铁锈、型砂、油漆、防锈油、灰尘、切屑、研磨剂等都必须认真地清理和清洗。

（2）装配前零件的整形。修整零件上的毛刺、锐角及零件因碰撞而产生的印痕等。

（3）补充加工。零件上的某些部位需要在装配时进行补充加工，如定位销孔配钻和铰孔，连接螺纹孔配钻和攻螺纹，某些部位需刮削、研磨等。

（4）检查轴、轴承、齿轮等相关零部件及外购件、标准件的精度。

2. 装配挡圈 2

装配后不能有晃动，其厚度必须符合要求，否则会影响轴承 1 的定位精度。

3. 装配轴承 1

在轴承及轴的配合表面上涂机油，按规定将轴承 1 压到轴 6 上。为了顺利装配，可将轴承放入油池中加热后再进行装配；轴承装配到相应位置不得歪斜；装配时依据轴承与轴的配合选用合适的装配方法进行装配，不得损伤零件，同时要保持清洁。

4. 装配隔套 3

装配后配合精度要达到规定要求，其厚度也必须符合要求，否则会影响齿轮 4 的轴向定位精度。

5. 装配齿轮 4

在齿轮 4 的内孔及轴 6 表面上涂机油，按规定将齿轮 4 压到轴 6 上。装配时依据齿轮 4 与轴 6 的配合选用合适的装配方法进行装配，不得损伤零件，同时要保持清洁。

6. 装配轴承 5

在轴承及轴上涂机油，按规定将轴承 5 压到轴 6 上。为了顺利装配，可用加热法装配。

7. 检查、调整

将装配好的轴组支撑在等高顶尖上,且一端用顶尖顶住进行轴向定位,然后用千分表、圆柱规检查齿轮的径向圆跳动和端面跳动,使其均达到规定要求,检查时,轴组不能轴向移动。

培训建议

一、培训目标

通过培训，培训对象掌握钳工技能基础知识与操作技能，培养学员理论联系实际、分析和解决生产中一般技术问题的能力，并能独立完成零件的工艺分析，独立操作，达到钳工初级工水平。

1. 理论知识培训目标

（1）掌握钳工基础知识。

（2）掌握划线基本知识。

（3）掌握锯削、锉削基本知识。

（4）掌握孔加工知识。

（5）掌握矫正与弯形。

（6）掌握刮削与研磨的基本知识。

（7）掌握装配的基本知识。

2. 操作技能培训目标

（1）掌握常用量具使用方法。

（2）掌握箱体划线方法。

（3）掌握T形块的锉削方法。

（4）掌握螺加工纹方法。

（5）掌握90°角尺的研磨方法。

二、培训课时安排

总课时数：324。

理论知识课时：45。

操作技能课时：279。

具体培训课时分配见下表。

培训课时分配表

培训内容	理论知识课时	操作技能课时	总课时	培训建议
第1单元　装配钳工基础知识	5	5	10	重点：了解本职业道德规范要求，具备良好的职业素养，促进本行业生产建设。难点：掌握钳工工量具使用及测量的基本理论知识。建议：职业道德规范要求结合实例讲解，运用启发和讨论结合实际场地进行讲解。
模块1　装配钳工工作场地及常用设备	1	1	2	
模块2　常用量具及使用	2	2	4	
模块3　安全文明生产常识	2	2	4	
第2单元　划线	6	20	26	重点：能正确使用平面划线工具及在立体划线时能利用V形架、千斤顶和直角铁等在划线平台上正确安放、找正工件。难点：掌握基本线条的划线方法及在划线中，能对有缺陷的毛坯进行合理的借料，所划线线条清晰，尺寸准确，冲点分布合理。建议：先由教师进行理论讲解，再由教师示范规范性操作，学员进行分组练习，并掌握划线方法。
模块1　平面划线	2	4	6	
模块2　立体划线	2	8	10	
综合训练　箱体划线	2	8	10	

续表

培训内容	理论知识课时	操作技能课时	总课时	培训建议
第3单元　锯削与锉削	**6**	**96**	**102**	重点：能对各种材料进行正确的锯削或锉削，操作姿势正确，并能达到一定的锯削或锉削精度，并能根据不同材料正确选用锯条或锉刀，并能正确装夹。 难点：掌握锯削和锉削时的站立姿势和动作，以及了解失败原因。 建议：先由教师进行理论讲解，再由教师示范规范性操作，学员进行分组练习。
模块1　锯削	2	16	18	
模块2　锉削	2	40	42	
综合训练　T形块的锉削	2	40	42	
第4单元　孔加工	**10**	**40**	**50**	重点：熟悉麻花钻、扩孔钻、铰刀、锪钻的结构、角度和特点，以及螺纹加工方法。 难点：掌握麻花钻、扩孔钻、铰刀、锪钻刃磨和修磨及检测方法，以及切削用量的选择。 建议：先由教师进行理论讲解，再由教师示范规范性操作，学员进行分组练习。
模块1　钻孔	2	8	10	
模块2　扩孔与铰孔	2	8	10	
模块3　锪孔	2	8	10	
模块4　螺纹加工	2	8	10	
综合训练　攻螺纹	2	8	10	
第5单元　矫正与弯形	**4**	**16**	**20**	重点：掌握矫正的特点及应用及弯形的特点及应用。 难点：掌握矫正的方法和操作技巧及弯形的方法和操作技巧。 建议：先由教师进行理论讲解，再由教师示范规范性操作，学员进行分组练习。
模块1　矫正	2	8	10	
模块2　弯形	2	8	10	

续表

培训内容	理论知识课时	操作技能课时	总课时	培训建议
第6单元 刮削与研磨	**6**	**54**	**60**	重点：掌握刮削和研磨的特点和应用及掌握磨料种类和应用。 难点：各种刮刀、结构以及平面刮刀的尺寸和几何角度，及研磨的方法。 建议：先由教师进行理论讲解，再由教师示范规范性操作，学员进行分组练习。
模块1 刮削	2	18	20	
模块2 研磨	2	18	20	
综合训练 90°角尺的研磨	2	18	20	
第7单元 装配	**8**	**48**	**56**	重点：熟悉装配工艺和处理方法，掌握一般部件的装配技能。 难点：掌握装配工艺过程及方法。 建议：先由教师进行理论讲解，再由教师示范规范性操作，学员进行分组练习。
模块1 装配基础知识	2	4	6	
模块2 螺纹连接的装配	1	8	9	
模块3 键连接的装配	1	8	9	
模块4 销连接的装配	1	8	9	
模块5 滑动轴承的装配	1	8	9	
模块6 滚动轴承的装配	1	8	9	
综合训练 齿轮轴的装配	1	4	5	